"十二五"职业教育国家规划教材
经全国职业教育教材审定委员会审定

普通高等教育"十一五"国家级规划教材

工程造价案例分析

第 3 版

主　编　迟晓明
副主编　王红平
参　编　吴志超
主　审　袁建新　田恒久

机械工业出版社

本书根据建设类专业人才培养方案和教学要求及特点编写。本书共九章，主要内容包括：建设项目财务评价、工程设计及施工方案技术经济分析、建设工程定额、工程量清单、工程量清单报价、建筑工程概预算及投资估算、建设工程施工招标与投标、建设工程合同管理与工程索赔、工程价款结算等方面的案例分析。

本书内容通俗、实用，紧扣工程造价理论与实践发展的实际，可作为高等职业技术学院、应用技术学院建筑工程管理、工程造价管理等专业的教材，也可作为成人高等教育、自学考试、注册考试的教材，还可作为从事工程造价工作的有关人员的学习参考书。

为方便教学，本书配有电子课件、部分习题详解，凡使用本书作为教材的教师可登录机械工业出版社教材服务网 www.cmpedu.com 注册下载。咨询邮箱：cmpgaozhi@ sina.com。咨询电话：010-88379375。

图书在版编目（CIP）数据

工程造价案例分析/迟晓明主编. —3 版. —北京：机械工业出版社，2016.3（2021.1 重印）

"十二五"职业教育国家规划教材　普通高等教育"十一五"国家级规划教材

ISBN 978-7-111-53156-2

Ⅰ.①工… Ⅱ.①迟… Ⅲ.①建筑造价管理－案例－高等职业教育－教材 Ⅳ.①TU723.3

中国版本图书馆 CIP 数据核字（2016）第 041608 号

机械工业出版社（北京市百万庄大街22号　邮政编码100037）
策划编辑：李　莉　责任编辑：李　莉
责任校对：刘怡丹　封面设计：陈　沛
责任印制：李　昂
北京机工印刷厂印刷
2021 年 1 月第 3 版第 7 次印刷
184mm×260mm・12.5 印张・304 千字
标准书号：ISBN 978-7-111-53156-2
定价：39.80 元

电话服务　　　　　　　　　网络服务
客服电话：010-88361066　　机　工　官　网：www.cmpbook.com
　　　　　010-88379833　　机　工　官　博：weibo.com/cmp1952
　　　　　010-68326294　　金　书　网：www.golden-book.com
封底无防伪标均为盗版　　　机工教育服务网：www.cmpedu.com

第 3 版前言

为了满足工程造价及工程管理类专业"工学结合"的教学需要,以及让学生及时学到和掌握最新的知识和分析问题的方法,我们及时根据《建设工程工程量清单计价规范》GB 50500—2013、《房屋建筑与装饰工程工程量计算规范》GB 50854—2013 等规定对教材内容进行了修订。

第 3 版的内容由四川建筑职业技术学院迟晓明负责修订。四川建筑职业技术学院袁建新、山西建筑职业技术学院田恒久担任主审。

本书在编写过程中得到了机械工业出版社的大力支持,在此表示感谢!

由于作者水平有限,书中内容难免有不妥之处,敬请广大读者批评指正。

为方便教学,本书配有习题详解、参考资料,凡使用本书作为教材的教师可登录机械工业出版社教育服务网 www.cmpedu.com 注册下载。咨询邮箱:cmpgaozhi@sina.com。咨询电话:010-88379375。

编 者

第 2 版前言

本书第 2 版主要根据《建设工程工程量清单计价规范》（GB 50500—2008）的内容进行了补充和修改。主要对第五章的内容重新进行了编排，突出了工程量清单计价案例的完整性和详实性，提高了本书的实用性。

当前，工程量清单计价的内容是造价人员的主要岗位工作，熟练掌握工程量清单编制和工程量清单报价的编制是学习工程造价案例内容的基础。在讲解该内容前一定要了解学生掌握这些内容的情况，用已经学会的知识与方法学习和分析工程量清单计价章节的内容，这样才能通过案例学习达到提高学生分析问题和解决问题能力的目的。

另外，根据教与学的需要，本次修订在每章前增加了"学习目标"的内容，使老师和学生在学习前就明确了本章内容的学习重点以及应该达到的学习目标。为学生在学习中判断学习效果提供了帮助。

本书由迟晓明（四川建筑职业技术学院）担任主编，并编写绪论、第四、五、七、九章。王红平（河南城建学院）担任副主编，编写第一、二、三章。吴志超（湖南城建职业技术学院）编写第六、八章。

本书第 2 版由四川建筑职业技术学院迟晓明修订，四川建筑职业技术学院袁建新和山西建筑职业技术学院田恒久主审。

虽然本书第 2 版对有关内容进行了更新，但难免会有不足之处，敬请广大读者批评指正。

为方便教学，本书配有习题详解，凡使用本书作为教材的教师可登录机械工业出版社教育服务网 www.cmpede.com 注册下载。咨询邮箱：cmpgaozhi@sina.com。咨询电话：010-88379375。

编　者

目　录

第 3 版前言
第 2 版前言
绪论 1
　　思考题 4
第一章　建设项目财务评价 5
　　第一节　概述 6
　　第二节　案例分析 9
　　练习题 17
第二章　工程设计及施工方案技术经济分析 20
　　第一节　概述 21
　　第二节　案例分析 26
　　练习题 34
第三章　建设工程定额 38
　　第一节　概述 39
　　第二节　案例分析 41
　　练习题 56
第四章　工程量清单 61
　　第一节　概述 62
　　第二节　案例分析 65
　　练习题 88
第五章　工程量清单报价 90
　　第一节　概述 91
　　第二节　案例分析 102
　　练习题 130
第六章　建筑工程概预算及投资估算 142
　　第一节　概述 143
　　第二节　案例分析 146
　　练习题 152

第七章　建设工程施工招标与投标 ……………………………………………… 157
第一节　概述 ………………………………………………………………… 158
第二节　案例分析 …………………………………………………………… 161
练习题 ………………………………………………………………………… 165

第八章　建设工程合同管理与工程索赔 ………………………………………… 168
第一节　概述 ………………………………………………………………… 169
第二节　案例分析 …………………………………………………………… 171
练习题 ………………………………………………………………………… 180

第九章　工程价款结算 …………………………………………………………… 183
第一节　概述 ………………………………………………………………… 184
第二节　案例分析 …………………………………………………………… 186
练习题 ………………………………………………………………………… 189

参考文献 …………………………………………………………………………… 191

绪　　论

一、工程造价案例的范围

建设项目的全过程都会涉及工程造价的内容，所以工程造价案例的范围，应包括建设项目从计划、决策、设计、招标与投标、工程施工到竣工验收等各个阶段。

1. 建设项目决策阶段

在建设项目决策阶段，与工程造价有关的主要内容是建设项目可行性研究，采用的主要方法是投资估算和财务评价。所以，我们应该在掌握投资估算和财务评价的基本概念、基本方法、计算公式的基础上，对投资估算案例、财务评价案例进行分析研究，进而掌握建设项目决策阶段工程造价案例分析的基本方法。

2. 建设项目设计阶段

在建设项目设计阶段，主要是对设计方案进行技术经济评价。采用的方法主要有：用概算指标编制设计概算，对各设计方案进行分析对比；采用使用面积系数等指标对建筑设计的合理性进行评价；通过设计中对土地资源利用情况的指标分析，对资源利用情况进行合理性评价；通过对建筑层高等各项设计参数影响工程造价的程度分析等，对设计方案进行技术经济评价。通过建设项目设计阶段案例分析，可以达到较好地掌握上述评价方法的目的。

3. 建设项目招标投标阶段

对于造价人员来说，很多工作是从参加工程项目招标与投标开始的。如何招标，如何按招标要求和企业实际情况进行投标，是该阶段的主要任务，也是我们应该掌握的主要内容。因此，在了解建设工程施工招标与投标程序的基础上，要掌握标底和投标报价的编制方法，了解评标方法。

在《建设工程工程量清单计价规范》实施以后，掌握按工程量清单方式招标和投标的方法十分重要。要熟练掌握编制工程量清单，要掌握工程量清单投标报价的方法。所以，该部分案例包括招标与投标程序、标底编制方法、工程量清单编制方法和清单报价编制方法等内容。

4. 建设项目实施阶段

确定承建的工程项目后，施工单位就要制订详细的施工方案，根据施工图预算、预算定额、企业定额进行工程造价控制。因此，如何优化施工方案、如何优化施工进度计划是该部分案例分析的主要内容。另外，工程建设中要通过预算定额、企业定额、施工图预算来控制工程造价。所以，我们还应掌握编制和应用企业定额、预算定额和施工图预算的方法。通过对建设项目实施阶段的案例分析，可以使学员在学习完各门相关课程后，将所学内容有机地联系在一起，从而提高分析问题和解决问题的能力。

5. 建设项目竣工验收阶段

在工程实施阶段，会产生工程索赔和有关合同管理方面的问题，这些问题都集中反映在工程价款结算上面。所以，要通过案例分析使学员掌握工程索赔的基本概念、基本理论和基本方法，以及合同纠纷处理的基本方法。

当工程承包合同签订之后，在施工前业主应根据承包合同向承包商支付预付款（预付备料款）；在工程实施过程中，业主应根据承包商完成的工程量支付工程进度款；当工程进行到一定阶段时，业主在支付工程进度款的同时要抵扣预付款并进行中间结算；当工程全部完成后，合同双方应进行工程款的最终结算。

作为以施工企业为主要就业方向的学员，要通过案例学习，重点掌握工程价款结算的编制方法。

二、工程造价案例分析的主要方法

（一）案例分析的特点

1. 综合性

案例分析是运用各种相关知识进行综合分析，并根据分析过程和分析结果判断掌握知识和运用知识能力的一种有效方法。

2. 广泛性

案例分析的依据具有广泛性的特点，每个人都可以根据已经掌握的知识和查阅的资料作为依据，对案例进行分析。

3. 灵活性

案例分析过程具有灵活性的特点，每个人都可以根据自己的观点，从不同的角度来分析，不会有统一的格式，也不需要固定的程序。

4. 多样性

案例分析结果具有多样性的特点。同一案例由不同的人分析，由于依据不同，分析问题的角度和方法不同，可能会得出几个相近的答案，甚至会得出相反的结论。

（二）案例分析评价

1. 评价案例分析结果的方法

由于案例分析结果具有多样性的特点，所以，评价案例分析结果不能用标准答案的方式来评价其正确与否，而应该从以下几个方面来考虑评价结果。

（1）从采用的依据来判断　如果案例分析过程中采用了有效的、正确的、重要的依据，那么我们就应该给予一定比例的分值，用以肯定该学员已经掌握了分析这个案例的基本知识。

（2）从运用的分析方法来判断　如果在案例分析中运用了有关课程内容中正确的方法，那么可以给予一定比例的分值，用以肯定其一定的学习能力，能将学过的方法用来解决新的问题。

如果在案例分析中运用了自己思考出来的方法，并且该方法又是合理的，或者说是有合理的部分，那么，我们就要在此基础上加分，以肯定其创造性思维的能力。

2. 案例分析评价的思路

由于案例分析的依据具有广泛性、分析过程具有灵活性、分析结果具有多样性的特点，所以，案例分析评价应该实事求是，具体情况具体分析。

首先，应该看案例分析中的思路是否清晰，如果思路清晰，就应该肯定其有一定的逻辑思维能力；其次，是看采用的方法是否合理，如果合理，就要肯定其具有运用正确方法的能力；第三，要看分析案例的各种概念是否正确，如果正确，那么要肯定其具有正确运用所学知识的能力；第四，要看案例分析中是否有自己的观点和方法，如果运用了自己的观点和自己提出的方法来解决问题，那么我们就要肯定其具有一定的创造性思维的能力。当然，分析结果也是评价成绩的一个组成部分，不过结果是否与参考答案一致或接近，已经不是评分的重要依据，而只占总分的一定比例。

上述开放的、实事求是的评价案例分析成绩的思路，是由案例分析课程的本质特征所决定的。因为通过案例分析所要达到的目的，就是不断提高综合运用所学知识灵活解决实际问题的能力。如果还是采用传统的成绩评定方法，显然达不到这个目的。

（三）工程造价案例分析的主要方法

1. **明确案例要求解决的问题**

看懂案例是分析案例的前提条件。如果不能准确理解案例的意思和意图，那么肯定不能完成好案例分析工作。

要看懂案例，首先要通读案例，千万不要读了一半就回答问题。因为案例的编写没有一个统一的格式，也不会有规定的顺序，更没有什么规律可言，所以，要通读一遍甚至两遍案例，直到明确案例所要解决的问题为止。

在通读过程中，要正确理解各关键词语，如建筑面积与使用面积的联系和区别；室外地坪标高与室内地坪标高的联系与区别等。

2. **分析各问题与案例相关的内容**

通读案例，明白了案例要解决的问题后，就要根据所提问题，分别寻找与这些问题对应的已知条件。这些已知条件包括依据、条件、时间等。解决任何一个问题，都是需要已知条件的，只要我们能准确地找到这些已知条件，或者通过其他已知条件推算出其需要条件，那么，我们就能着手解决这个问题。

3. **根据已知条件和问题确定采用的方法**

当解决问题所需的已知条件明确后，就要确定采用何种方法来解决问题。采用的主要方法包括计算公式、基本理论、基本概念。当然，也可以是一种解决问题的思路。这些公式、理论、方法，不一定是一门课程能解决的，而是需要若干门课程的相关知识和理论。这一阶段是分析案例的关键阶段，摆在我们面前的有两个困难：一是是否能想到用什么方法；二是想到的这些方法自己掌握没有。如果想不出方法，或者想到的方法自己又没有掌握，那么就不能顺利完成该案例的分析工作。

4. **通过对问题的分析得出结论**

当案例中要求回答的问题都解决后，就可以根据案例要求写出案例分析报告，并得出分析结论。

案例分析报告，应该将重点放在采用了什么样的思路来分析这些问题。因为这是训练综合分析问题能力的重要方面。

三、"工程造价案例分析"课程与其他课程的关系

"工程造价案例分析"课程是一门综合性很强的课程。要完成本门课程的各项学习任

务，必须要学好其他相关课程。

1. "工程造价案例分析"课程与技术类课程之间的关系

"工程造价案例分析"课程中工程设计、施工方案、技术经济分析、建筑工程定额等方面的案例分析内容，要具备建筑材料、施工技术、房屋构造、建筑材料、建筑结构等方面的知识才能完成。所以"建筑材料""建筑施工技术""建筑构造与识图"等技术类课程，是本门课程的专业技术基础。

2. "工程造价案例分析"课程与经济类课程之间的关系

"工程造价案例分析"课程中财务评价、施工方案、技术经济分析、工程价款结算等方面的案例分析内容，要具备项目评估、工程经济、建筑经济、会计等方面的知识才能完成。所以"建设项目评估""建筑经济""会计学基础"等课程是本门课程的专业基础。

3. "工程造价案例分析"课程与管理类课程之间的关系

"工程造价案例分析"课程中价值工程、施工方案、企业定额、招标与投标、合同管理、工程索赔等方面的案例分析内容，要具备企业管理、施工组织设计、定额原理、工程招标与投标、工程造价控制方面的知识才能完成。所以"管理原理""建筑工程项目管理""定额原理""合同与法规""工程造价控制"等管理类课程是本门课程的专业基础。

4. "工程造价案例分析"课程与工程造价类课程之间的关系

"工程造价案例分析"课程中建设工程定额、工程量清单、建设工程概预算、工程价款结算等方面的案例分析内容，要具备施工图预算、工程量清单计价等方面的知识才能完成。所以，"建筑工程预算""装饰工程预算""安装工程预算""工程量清单计价"等专业类课程是本门课程的专业基础。

思 考 题

1. 试述工程造价案例所包括的范围。
2. 建设项目决策阶段主要有哪些工程造价案例？
3. 建设项目设计阶段主要有哪些工程造价案例？
4. 建设项目招标与投标阶段主要有哪些工程造价案例？
5. 建设项目实施阶段主要有哪些工程造价案例？
6. 建设项目竣工验收阶段主要有哪些工程造价案例？
7. 工程造价案例分析有哪些特点？
8. 如何评价工程造价案例分析的结果？
9. 叙述工程造价案例分析的方法。
10. "工程造价案例分析"课程与技术类课程有何关系？
11. "工程造价案例分析"课程与经济类课程有何关系？
12. "工程造价案例分析"课程与管理类课程有何关系？
13. "工程造价案例分析"课程与工程造价类课程有何关系？

第一章 建设项目财务评价

学习目标

通过本章的学习,掌握建设项目财务评价的基本概念、基本内容,以及建设项目财务盈利能力分析指标的计算与评价;了解建设项目财务评价指标体系的构成与分类,以及建设项目清偿能力分析指标的计算与评价。

第一节 概　述

一、建设项目财务评价的基本概念

财务评价是指根据国家现行的财税制度和价格体系，分析、计算建设项目直接发生的财务效益和费用，编制财务报表，计算评价指标，考察建设项目的盈利能力、清偿能力以及外汇平衡等财务状况，并且据以判别建设项目财务可行性的一种具体操作方法。它是建设项目可行性研究的核心内容，其评价结论是决定建设项目取舍的重要决策依据。

二、建设项目财务评价的基本内容

建设项目在财务上的生存能力取决于建设项目的财务效益和费用的大小以及在时间上的分布情况。建设项目盈利能力、清偿能力及外汇平衡等财务状况，是通过编制财务报表及计算相应的评价指标来进行判断的。因此，为判别建设项目的财务可行性所进行的财务评价应该包括以下基本内容。

1）财务效益和费用的识别。
2）财务效益和费用的计算。
3）财务报表的编制。
4）财务评价指标的计算与评价。

三、建设项目财务评价指标体系的构成与分类

1. 根据是否考虑资金时间价值分类

根据是否考虑资金时间价值，可将建设项目财务评价指标分为静态评价指标和动态评价指标，其构成如图1-1所示。

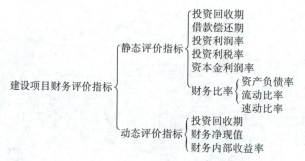

图1-1　建设项目财务评价指标分类及构成（一）

2. 根据指标的性质分类

根据指标的性质，可将建设项目财务评价指标分为时间性指标、价值性指标、比率性指标，其构成如图1-2所示。

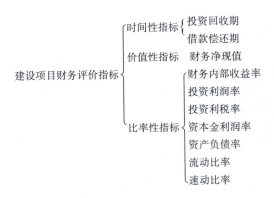

图 1-2　建设项目财务评价指标分类及构成（二）

四、建设项目财务评价的分析方法

（一）建设项目财务盈利能力分析的指标计算与评价

建设项目财务盈利能力分析主要是考察项目投资的盈利水平。为此目的，根据编制的全部投资现金流量表、自有资金现金流量表和损益表，计算财务净现值、财务内部收益率、投资回收期等主要评价指标。根据建设项目的特点及实际需要，也可计算投资利润率、投资利税率、资本金利润率等指标。

1. 财务净现值（NPV）

财务净现值（NPV）是考察项目在计算期内盈利能力的动态评价指标，其表达式为

$$NPV = \sum_{t=1}^{n}(CI-CO)_t(1+i_c)^{-t}$$

式中　　CI——现金流入量；

　　　　CO——现金流出量；

　　$(CI-CO)_t$——第 t 年的净现金流量；

　　　　n——计算期；

　　　　i_c——基准收益率或设定折现率。

2. 财务内部收益率（IRR）

财务内部收益率是考察项目盈利能力的动态评价指标，其表达式为

$$\sum_{t=1}^{n}(CI-CO)_t(1+IRR)^{-t} = 0$$

财务内部收益率的具体计算可根据现金流量表中净现金流量采用插值法进行试算。具体计算公式为

$$IRR = i_1 + \frac{NPV(i_1)}{NPV(i_1)-NPV(i_2)}(i_2-i_1)$$

式中　i_1——较低的试算折现率，$NPV(i_1) \geq 0$；

　　　i_2——较高的试算折现率，$NPV(i_2) \leq 0$。

3. 投资回收期（P_t）

投资回收期是考察建设项目在财务上的投资回收能力的主要静态评价指标。投资回收期

以"年"表示,一般从建设开始年算起,其表达式为

$$\sum_{t=1}^{P_t}(CI-CO)_t = 0$$

投资回收期可根据全部投资的现金流量表,分别计算出建设项目所得税前及所得税后的全部投资回收期。计算公式为

$$P_t = (累计净现金流量开始出现正值年份数 - 1) + \frac{上年累计净现金流量的绝对值}{当年净现金流量}$$

4. 投资利润率

投资利润率是考察建设项目单位投资盈利能力的静态指标。对生产期内各年的利润总额变化幅度较大的建设项目,应计算生产期内年平均利润总额与建设项目总投资的比率。其计算公式为

$$投资利润率 = \frac{年利润总额或年平均利润总额}{建设项目总投资} \times 100\%$$

$$建设项目总投资 = 固定资产投资 + 全部流动资金$$

5. 投资利税率

投资利税率是指项目达到设计生产能力后的一个正常生产年份的年利税总额或项目生产经营期内的年平均利税总额与总投资的比率。其计算公式为

$$投资利税率 = \frac{年利税总额或年平均利税总额}{项目总投资} \times 100\%$$

6. 资本金利润率

资本金利润率反映投入建设项目的资本金的盈利能力。其计算公式为

$$资本金利润率 = \frac{年利润总额或年平均利润总额}{资本金} \times 100\%$$

(二) 建设项目清偿能力分析的指标计算与评价

建设项目清偿能力分析主要是考察建设项目计算期内各年的财务状况及偿债能力。为此目的,根据编制的资金来源与运用表、资产负债表两个基本财务报表,计算借款偿还期、资产负债率、流动比率、速动比率等评价指标。

1. 借款偿还期

借款偿还期表达式为

$$\sum_{t=1}^{P_d} R_t - I_d = 0$$

式中 I_d ——固定资产投资借款本金和建设期利息(不包括已用自有资金支付的部分)之和;

P_d ——借款偿还期(从借款开始年计算,当从投资年算起时应予注明);

R_t ——第 t 年可用于还款的资金,包括利润、折旧、摊销及其他还款资金。

在实际工作中借款偿还期还可直接根据财务报表推算,其公式为

$$P_d = (借款偿还后出现盈余的年份数 - 1) + \frac{当年应偿还借款额}{当年可用于还款的收益额}$$

2. 财务比率

根据资产负债表可计算资产负债率、流动比率和速动比率等财务比率,以分析建设项目的清偿能力。

(1) 资产负债率 它是反映建设项目总体偿债能力的指标。其计算公式为

$$资产负债率 = \frac{负债总额}{资产总额} \times 100\%$$

(2) 流动比率 它是反映建设项目短期偿还债务能力的指标。其计算公式为

$$流动比率 = \frac{流动资产总额}{流动负债总额} \times 100\%$$

(3) 速动比率 它是反映建设项目在很短时间内偿还短期债务能力的指标。其计算公式为

$$速动比率 = \frac{流动资产 - 存货}{流动负债总额} \times 100\%$$

第二节 案例分析

【背景】

某公司拟建一个生产性建设项目,该建设项目的建设期为 1 年,运营期为 10 年。这一建设项目的基础数据如下:

(1) 建设期投资 800 万元,全部形成固定资产。运营期期末预计净残值率为 6.25%,按照平均年限法折旧。

(2) 建设项目第 2 年投产,投入流动资金 200 万元。

(3) 该公司投入的资本金总额为 600 万元。

(4) 运营期中,正常年份每年的销售收入为 600 万元,经营成本为 250 万元,营业税金及附加税率为 6%,所得税税率为 25%,年总成本费用为 325 万元,行业基准收益率 10%。

(5) 投产第 1 年生产能力仅为设计生产能力的 60%,所以,销售收入与经营成本也为正常年份的 60%,总成本费用为 225 万元。

(6) 投产的第 2 年及以后各年均达到设计生产能力。

【问题】

1. 在表 1-1 中填入基础数据并计算所得税。
2. 计算建设项目的动态投资回收期。
3. 计算建设项目的净现值。
4. 计算建设项目的内部收益率。
5. 从财务评价的角度,分析拟建建设项目的可行性。

表 1-1 某拟建建设项目全部投资现金流量表　　　　（单位：万元）

序号	建设项目	合计	建设期	运营期									
			1	2	3	4	5	6	7	8	9	10	11
	生产负荷（%）			60	100	100	100	100	100	100	100	100	100
1	现金流入												
1.1	产品销售收入												
1.2	回收固定资产余值												
1.3	回收流动资金												
2	现金流出												
2.1	固定资产投资												
2.2	流动资金												
2.3	经营成本												
2.4	营业税金及附加												
2.5	所得税												
3	净现金流量												
4	设定折现率（$i_c=10\%$）		0.9091	0.8264	0.7513	0.6830	0.6209	0.5645	0.5132	0.4665	0.4241	0.3855	0.3505
5	折现净现金流量												
6	累计折现净现金流量												

【分析要点】

本案例全面考核了有关现金流量表的编制，并重点考核了建设项目财务评价中有关建设项目内部收益率、投资回收期、净现值等盈利能力指标的计算和评价。

对于这类案例分析的解答，必须注意以下几个方面：

（1）财务评价中盈利能力分析要计算财务内部收益率、投资回收期等主要评价指标，根据建设项目的特点和实际需要，也可以计算财务净现值、投资利润率、投资利税率、资本金利润率等指标。

（2）在财务评价盈利能力分析的现金流量中，固定资产投资不包括建设期贷款利息。

（3）建设项目财务内部收益率反映了建设项目所占用资金的盈利率，是考核建设项目盈利能力的主要动态指标。在财务评价中，将求出的全部投资或自有资金的财务内部收益率（IRR）与行业基准收益率或设定折现率（i_c）比较。当 $IRR \geqslant i_c$ 时，即可认为盈利能力已满足最低要求，在财务上是可行的。

【答案】

问题 1

（1）运营期营业税金及附加

第一章 建设项目财务评价

营业税金及附加 = 销售收入 × 营业税金及附加税率

第 2 年 营业税金及附加 = 600 万元 × 60% × 6% = 21.60 万元

第 3～11 年 营业税金及附加 = 600 万元 × 100% × 6% = 36.00 万元

（2）运营期所得税

所得税 = (销售收入 – 营业税金及附加 – 总成本费用) × 所得税率

第 3 年 所得税 = (360 – 21.6 – 225) 万元 × 25% = 28.35 万元

第 3～11 年 所得税 = (600 – 36 – 325) 万元 × 25% = 59.75 万元

根据给出的基础数据和计算得到的数据，填入表 1-1 中，得表 1-2。

表 1-2 某拟建建设项目全部投资现金流量表 （单位：万元）

序号	建设项目	合计	建设期	运营期								
			1	2	3	4	5	6	7	8	9	10	11
	生产负荷（%）			60	100	100	100	100	100	100	100	100	100
1	现金流入	6010.0		360.00	600.00	600.00	600.00	600.00	600.00	600.00	600.00	600.00	850.00
1.1	产品销售收入	5760.0		360.00	600.00	600.00	600.00	600.00	600.00	600.00	600.00	600.00	600.00
1.2	回收固定资产余值	50.0											50.00
1.3	回收流动资金	200.0											200.00
2	现金流出	4311.7	800	399.95	345.75	345.75	345.75	345.75	345.75	345.75	345.75	345.75	345.75
2.1	固定资产投资	800.0	800										
2.2	流动资金	200.0		200									
2.3	经营成本	2400.0		150.00	250.00	250.00	250.00	250.00	250.00	250.00	250.00	250.00	250.00
2.4	营业税金及附加	345.60		21.60	36.00	36.00	36.00	36.00	36.00	36.00	36.00	36.00	36.00
2.5	所得税	566.1		28.35	59.75	59.75	59.75	59.75	59.75	59.75	59.75	59.75	59.75
3	净现金流量	1698.30	–800	–39.95	254.25	254.25	254.25	254.25	254.25	254.25	254.25	254.25	504.25
4	设定折现率(i_c=10%)		0.9091	0.8264	0.7513	0.6830	0.6209	0.5645	0.5132	0.4665	0.4241	0.3855	0.3505
5	折现净现金流量	537.43	–727.28	–33.01	191.02	173.65	157.86	143.52	130.48	118.61	107.83	98.01	176.74
6	累计折现净现金流量		–727.28	–760.29	–569.27	–395.62	–237.76	–94.24	36.24	154.85	262.68	360.69	537.43

问题 2

根据表 1-2 中的数据，按以下公式计算建设项目的动态投资回收期。

建设项目动态投资回收期 = (累计净现值出现正值的年份 – 1) +

$$\frac{\text{出现正值年份上年累计净现金流量现值绝对值}}{\text{当年净现金流量现值}}$$

$$= \left[(7-1) + \frac{|-94.24|}{130.48} \right] \text{年}$$

$$= 6.72 \text{ 年}$$

问题 3

根据表 1-2 中的数据,可求出建设项目的净现值。

建设项目的净现值 $NPV = \sum_{t=1}^{n} (CI - CO)_t (1 + i_c)^{-t} = 537.43$ 万元

问题 4

采用插值试算法求出拟建建设项目的内部收益率,计算过程如下。

(1) 先设定 $IRR_1 = 19\%$,然后以 19% 作为设定的折现率,求出各年的折现系数。利用现金流量延长表,计算出各年的净现值和累计净现值,从而得到 NPV_1,见表 1-3。

(2) 再设定 $IRR_2 = 20\%$,然后以 20% 作为设定的折现率,求出各年的折现系数。同样,利用现金流量延长表,计算出各年的净现值和累计净现值,从而得到 NPV_2,见表 1-3。

(3) 如果试算结果满足 $NPV_1 > 0$,$NPV_2 < 0$,且满足精度要求,即可采用插值法计算出拟建建设项目的内部收益率 IRR。

由表 1-3 可知: $IRR_1 = 19\%$ 时 $NPV_1 = 84.02$ 万元

$IRR_2 = 20\%$ 时 $NPV_2 = -51.00$ 万元

满足试算条件,可以采用插值法计算拟建建设项目的内部收益率 IRR。即

$$IRR = IRR_1 + (IRR_2 - IRR_1) \frac{NPV_1}{|NPV_1| + |NPV_2|}$$

$$= 19\% + (20\% - 19\%) \times \frac{84.02}{|84.02| + |-51.00|} = 19.62\%$$

表 1-3 某拟建建设项目现金流量延长表 (单位:万元)

序号	建设项目	合计	建设期	运营期								
			1	2	3	4	5	6	7	8	9	10	11
1	现金流入	6010.00		360.00	600.00	600.00	600.00	600.00	600.00	600.00	600.00	600.00	850.00
2	现金流出	4311.70	800	399.95	345.75	345.75	345.75	345.75	345.75	345.75	345.75	345.75	345.75
3	净现金流量	1698.30	-800	-39.95	254.25	254.25	254.25	254.25	254.25	254.25	254.25	254.25	504.25
4	设定折现率 ($i_c = 10\%$)		0.9091	0.8264	0.7513	0.6830	0.6209	0.5645	0.5132	0.4665	0.4241	0.3855	0.3505
5	折现净现金流量	537.43	-727.28	-33.01	191.02	173.65	157.86	143.52	130.48	118.61	107.83	98.01	176.74
6	累计折现净现金流量		-727.28	-760.29	-569.27	-395.62	-237.76	-94.24	36.24	154.85	262.68	360.69	537.43
7	设定折现率 ($i_c = 19\%$)		0.8403	0.7062	0.5934	0.4987	0.4190	0.3521	0.2959	0.2487	0.2090	0.1756	0.1476
8	折现净现金流量	84.02	-672.24	-28.21	150.87	126.79	106.53	89.52	75.23	63.31	53.14	44.65	74.43

第一章 建设项目财务评价

(续)

序号	建设项目	合计	建设期		运营期							
			1	2	3	4	5	6	7	8	9	10	11
9	累计折现净现金流量		−672.24	−700.45	−549.58	−422.79	−316.26	−226.74	−151.51	−88.20	−35.06	9.59	84.02
10	设定折现率 ($i_c=20\%$)		0.8333	0.6944	0.5787	0.4823	0.4019	0.3349	0.2791	0.2326	0.1938	0.1615	0.1346
11	折现净现金流量	−51.00	−666.64	−27.74	147.13	122.62	102.18	85.15	70.96	59.14	49.27	41.06	67.87
12	累计折现净现金流量		−666.64	−694.38	−547.25	−424.63	−322.45	−237.30	−166.34	−107.20	−57.93	−16.87	−51.00

问题 5

因为建设项目的净现值 NPV = 537.43 万元 > 0；该建设项目内部收益率 = 19.62%，大于行业基准收益率 10%，所以该建设项目是可行的。

【背景】

（1）某建设项目建设期为 2 年，生产期为 8 年。建设项目建设投资（含工程费、其他费用、预备费用）3100 万元，预计全部形成固定资产。固定资产折旧年限为 8 年，按平均年限法计算折旧，残值率为 5%，在生产期末回收固定资产残值。

（2）建设期第 1 年投入建设资金的 60%，第 2 年投入 40%，其中每年投资的 50% 为自有资金，50% 由银行贷款，贷款年利率为 7%，建设期只计息不还款。生产期第 1 年投入流动资金 300 万元，全部为自有资金。流动资金在计算期末全部回收。

（3）建设单位与银行约定：从生产期开始的 6 年间，按照每年等额本金偿还法进行偿还，同时偿还当年发生的利息。

（4）预计生产期各年的经营成本均为 2600 万元，销售收入在计算期第 3 年为 3800 万元，第 4 年为 4320 万元，第 5~10 年均为 5400 万元。假定营业税金及附加的税率为 6%，所得税率为 25%，行业基准投资回收期（P_c）为 8 年。

【问题】

1. 计算建设期第 3 年初的累计借款。
2. 编制建设项目还本付息表，将结果填入表 1-4 中。
3. 计算固定资产残值及各年固定资产折旧额。
4. 编制自有资金现金流量表，将结果填入表 1-5 中。
5. 计算静态投资回收期，并评价本建设项目是否可行。

【分析要点】

本案例考核了有关建设项目的利息、成本和自有资金现金流量表方面的计算和相应表格编制。对于这类案例分析的解答，必须注意下列问题：

（1）经营成本是指建设项目总成本费用扣除固定资产折旧费、维修费、无形及递延资

产的摊销费以及利息支出以后的全部费用。即

经营成本 = 总成本费用 - 折旧费 - 维修费 - 摊销费 - 利息支出

（2）流动资金应在投产第 1 年开始按生产负荷安排。流动资金借款按年计息，并计入各年的财务费用中，建设项目期末回收全部流动资金。

【答案】

问题 1

当总贷款是分年均衡发放时，建设期利息的计算可按当年借款在年中支用考虑，即当年贷款按半年计息，上年贷款按全年计息。其计算公式为

$$q_j = \left(P_{j-1} + \frac{1}{2}A_j\right)i$$

式中　q_j——建设期第 j 年应计利息；

P_{j-1}——建设期第（$j-1$）年末贷款累计金额与利息累计金额之和；

A_j——建设期第 j 年贷款金额；

i——年利率。

因此，第 1 年应计利息

$$q_1 = \left(0 + \frac{1}{2} \times 3100 \text{ 万元} \times 60\% \times 50\%\right) \times 7\% = 32.55 \text{ 万元}$$

第 2 年应计利息

$$q_2 = \left[(3100 \text{ 万元} \times 60\% \times 50\% + 32.55 \text{ 万元}) + \frac{1}{2} \times 3100 \text{ 万元} \times 40\% \times 50\%\right] \times 7\%$$
$$= 89.08 \text{ 万元}$$

建设期贷款利息 = $q_1 + q_2$ = (32.55 + 89.08) 万元 = 121.63 万元

第 3 年初的累计借款 = (3100 × 50% + 121.63) 万元 = 1671.63 万元

问题 2

根据所给条件，按以下步骤编制还本付息表。

（1）建设期借款利息累计到投产期，按年实际利率每年计息 1 次。

（2）本金偿还自第 3 年开始，按分 6 年等额偿还计算。即

每年应还本金 = 第 3 年年初累计借款/还款期限

= (1671.63/6) 万元 = 278.61 万元

（3）编制建设项目还本付息表，见表 1-4。

表 1-4　还本付息表　　　　　　　　　　　　　　　（单位：万元）

序号	年份\建设项目	第1年	第2年	第3年	第4年	第5年	第6年	第7年	第8年
1	年初累计借款		962.55	1671.63	1393.02	1114.41	835.80	557.19	278.58
2	本年新增借款	930	620						
3	本年应计利息	32.55	89.08	117.01	97.51	78.01	58.51	39.00	19.50
4	本年应还本金			278.61	278.61	278.61	278.61	278.61	278.58
5	本年应还利息			117.01	97.51	78.01	58.51	39.00	19.50

第一章 建设项目财务评价

问题 3

固定资产残值 = (3100 + 121.63)万元 × 5% = 161.08 万元

各年固定资产折旧额 = (3100 + 121.63)万元 × (1 - 5%)/8 = 382.57 万元

问题 4

(1) 总成本费用 = 经营成本 + 折旧费 + 维修费 + 摊销费 + 利息支出，则

第 3 年总成本费用 = (2600 + 382.57 + 117.01)万元 = 3099.58 万元

第 4 年总成本费用 = (2600 + 382.57 + 97.51)万元 = 3080.08 万元

第 5 年总成本费用 = (2600 + 382.57 + 78.01)万元 = 3060.58 万元

第 6 年总成本费用 = (2600 + 382.57 + 58.51)万元 = 3041.08 万元

第 7 年总成本费用 = (2600 + 382.57 + 39.00)万元 = 3021.57 万元

第 8 年总成本费用 = (2600 + 382.57 + 19.50)万元 = 3002.07 万元

第 9、10 年总成本费用 = (2600 + 382.57)万元 = 2982.57 万元

(2) 所得税 = (销售收入 - 总成本费用 - 营业税金及附加) × 所得税率

营业税金及附加 = 销售收入 × 营业税金及附加税率，则

第 3 年所得税 = (3800 - 3099.58 - 3800 × 6%)万元 × 25% = 118.11 万元

第 4 年所得税 = (4320 - 3080.08 - 4320 × 6%)万元 × 25% = 245.18 万元

第 5 年所得税 = (5400 - 3060.58 - 5400 × 6%)万元 × 25% = 503.86 万元

第 6 年所得税 = (5400 - 3041.08 - 5400 × 6%)万元 × 25% = 508.73 万元

第 7 年所得税 = (5400 - 3021.57 - 5400 × 6%)万元 × 25% = 513.61 万元

第 8 年所得税 = (5400 - 3002.07 - 5400 × 6%)万元 × 25% = 518.48 万元

第 9、10 年所得税 = (5400 - 2982.57 - 5400 × 6%)万元 × 25% = 523.36 万元

(3) 自有资金现金流量表见表 1-5。

表 1-5 自有资金（包括建设资金和流动资金）现金流量表　　（单位:万元）

序号	年份 建设项目	第1年	第2年	第3年	第4年	第5年	第6年	第7年	第8年	第9年	第10年
1	现金流入			3800	4320	5400	5400	5400	5400	5400	5861.08
1.1	销售收入			3800	4320	5400	5400	5400	5400	5400	5400
1.2	回收固定资产残值										161.08
1.3	回收流动资金										300
2	现金流出	930	620	3641.73	3480.50	3784.48	3769.85	3755.22	3740.56	3447.36	3447.36
2.1	自有资金	930	620	300							
2.2	经营成本			2600	2600	2600	2600	2600	2600	2600	2600
2.3	偿还借款			395.62	376.12	356.62	337.12	317.61	298.08		
2.3.1	长期借款本金偿还			278.61	278.61	278.61	278.61	278.61	278.58		
2.3.2	长期借款利息偿还			117.01	97.51	78.01	58.51	39.00	19.50		

(续)

序号	年份 建设项目	第1年	第2年	第3年	第4年	第5年	第6年	第7年	第8年	第9年	第10年
2.4	营业税金及附加			228	259.20	324	324	324	324	324	324
2.5	所得税			118.11	245.18	503.86	508.73	513.61	518.48	523.36	523.36
3	净现金流量	−930	−620	158.27	839.50	1615.52	1630.15	1644.78	1659.44	1952.64	2413.72
4	累计净现金流量	−930	−1550	−1391.73	−552.23	1063.29	2693.44	4338.22	5997.66	7950.30	10364.02

问题 5

静态投资回收期 $P_t = \left(5 - 1 + \dfrac{|-552.23|}{1615.52}\right)$ 年 = 4.34 年

建设项目静态投资回收期 P_t 为 4.34 年，小于行业基准投资回收期 P_c = 8 年，说明该建设项目是可行的。

案例三

【背景】

某新建建设项目正常年份的设计生产能力为 100 万件，年固定成本为 580 万元，每件产品销售价预计 60 元，营业税金及附加的税率为 6%，单位产品的可变成本估算为 40 元。

【问题】

1. 对建设项目进行盈亏平衡分析，计算建设项目的产量盈亏平衡点和单价盈亏平衡点。
2. 在市场销售良好的情况下，正常生产年份的最大可能盈利额为多少？
3. 在市场销售不良的情况下，企业欲保证能获年利润 120 万元的年产量为多少？
4. 在市场销售不良情况下，为了促销，产品的市场价格由 60 元降低 10% 销售时，若欲获年利润 60 万元的年产量应为多少？
5. 从盈亏平衡角度，判断建设项目的可行性。

【分析要点】

在建设项目的经济评价中，所研究的问题都发生于未来，所引用的数据也都来源于预测和估计，从而使经济评价不可避免地带有不确定性。因此，对于大中型建设项目除进行财务评价外，一般还需进行不确定性分析，包括盈亏平衡分析、敏感性分析和风险分析。盈亏平衡分析又称损益平衡分析，是通过盈亏平衡点分析建设项目成本与收益平衡关系的一种方法，也是建设项目不确定性分析中常用的一种方法。

【答案】

问题 1

$$产量盈亏平衡点 = \dfrac{固定成本}{产品单价 \times (1 - 营业税金及附加税率) - 单位产品可变成本}$$

$$= \dfrac{580}{60 \times (1 - 0.06) - 40} 万件 = 35.37 \text{ 万件}$$

单价盈亏平衡点= $\dfrac{\text{固定成本}}{\text{设计生产能力}}$ + 单位产品可变成本 + 单位产品营业税金及附加

$= \dfrac{580/100 + 40}{1 - 0.06}$ 元 = 48.72 元

问题 2

在市场销售良好情况下，正常年份最大可能盈利额为

R = 正常年份总收益 − 正常年份总成本

= 设计生产能力 ×[单价×（1−营业税金及附加税率）]−（固定成本+设计生产能力×单位产品可变成本）= 100 万件×[60 元×（1−6%）]−（580 万元+100 万件×40 元）

= 1060 万元

问题 3

在市场销售不良情况下，企业欲获年利润 120 万元的最低年产量为

产量 = $\dfrac{\text{利润} + \text{固定成本}}{\text{产品单价}\times(1-\text{营业税金及附加税率}) - \text{单位产品可变成本}}$

$= \dfrac{120 + 580}{60 \times (1 - 0.06) - 40}$ 万件 = 42.68 万件

问题 4

年产量 = $\dfrac{\text{利润} + \text{固定成本}}{\text{产品单价}\times(1-\text{营业税金及附加税率}) - \text{单位产品可变成本}}$

$= \dfrac{60 + 580}{54 \times (1 - 0.06) - 40}$ 万件 = 59.48 万件

问题 5

（1）本建设项目产量盈亏平衡点 35.37 万件，而建设项目的设计生产能力为 100 万件，远大于盈亏平衡产量，可见，建设项目盈亏平衡点较低，盈利能力和抗风险能力较强。

（2）本建设项目单价盈亏平衡点 48.72 元/件，而建设项目的预测单价为 60 元/件，高于盈亏平衡点的单价。若市场销售不良，为了促销，产品价格降低在 18.80% 以内，仍可保本。

（3）在不利的情况下，单位产品价格即使降低 10%，每年仍能盈利 60 万元。所以，该建设项目获利的机会较大。

综上所述，可以判断该建设项目盈利能力和抗风险能力均较强。

练 习 题

【背景】

某企业拟投资建设一生产性建设项目，各项基础数据如下：

（1）建设项目建设期 1 年，第 2 年开始投入生产运营，运营期 8 年。

（2）建设期间一次性投入固定资产投资额为 850 万元，全部形成固定资产。固定资产

使用年限为8年,到期预计净残值率4%,按照平均年限法计算折旧。

(3) 流动资金投入为200万元,在运营期的前2年均匀投入,运营期末全额回收。

(4) 运营期第1年生产负荷为60%,第2年达到设计生产能力。

(5) 运营期内正常年份各年的销售收入为450万元,经营成本为200万元,运营期第1年销售收入和经营成本均按正常年份的60%计算。

(6) 产品营业税金及附加的税率为6%,企业所得税税率为25%。

(7) 该行业基准收益率为10%,基准投资回收期为7年。

【问题】

1. 编制该建设项目全部投资现金流量表及延长表。
2. 计算该建设项目静态和动态投资回收期。
3. 计算该建设项目的财务净现值。
4. 从财务评价角度分析该建设项目的可行性及盈利能力。

练习题二

【背景】

某建设项目的建设期为2年,生产期为8年。固定资产投资总额为5000万元,其中自有资金为2000万元,其余资金使用银行长期贷款,贷款年利率为8%,每年计息1次,从第3年起每年年末付息,还款方式为在生产期内按照每年等额偿还法进行偿还。建设项目流动资金投入为500万元,全部由自有资金解决。建设项目设计生产能力为200万件,产品原价为8元/件,营业税金及附加按销售收入的6%计算,企业所得税税率为25%。建设项目投产后的正常年份中,年总成本费用为900万元,其中年固定成本为150万元,单位变动成本为3.758元/件。

【问题】

1. 填写该建设项目的借款还本付息表(表1-6)。

表1-6 建设项目借款还本付息表 （单位:万元）

序号	建设项目	第1年	第2年	第3年	第4年	第5年	第6年	第7年	第8年	第9年	第10年
1	年初借款本息累计	0									
2	本年借款	2000	1000								
3	本年应付利息										
4	本年偿还本金										
5	本年支付利息										

2. 计算该建设项目的投资利润率、投资利税率和资本金利润率。
3. 计算以产量和单价表示的建设项目盈亏平衡点。

练习题三

【背景】

某拟建工业性生产建设项目,建设期为2年,运营期为6年。基础数据如下:

第一章 建设项目财务评价

（1）固定资产投资估算额为 2200 万元，其中：预计形成固定资产 2080 万元（含建设期贷款利息 80 万元），无形资产 120 万元。固定资产使用年限为 8 年，残值率为 5%，按平均年限法折旧。在运营期末回收固定资产余值。无形资产在运营期内均匀摊入成本。

（2）本建设项目固定资产投资中自有资金为 520 万元，固定资产投资资金来源为贷款和自有资金。建设期贷款发生在第 2 年，贷款年利率为 10%，还款方式为在运营期内等额偿还本金。

（3）流动资产投资 800 万元，在建设项目计算期末回收。流动资金贷款利率为 3%，还款方式为运营期内每年末只还所欠利息，建设项目期末偿还本金。

（4）建设项目投产即达产，设计生产能力为 100 万件，预计产品售价为 30 元/件，营业税金及附加税率为 6%，企业所得税税率为 25%，年经营成本为 1700 万元。

（5）在经营成本中占 5% 的管理费用计入固定成本，经营成本中的其余费用，以及各年发生的利息支出均计入变动成本。

（6）行业的投资利润率为 20%，投资利税率为 25%。

【问题】

1. 计算该建设项目建设期贷款的数额，并填入建设项目资金投入表（表1-7）中。
2. 编制建设项目的还本付息表。
3. 编制建设项目的总成本费用估算表。
4. 计算建设项目的盈亏平衡产量和盈亏平衡单价，对建设项目进行盈亏平衡分析。
5. 编制建设项目损益表，并计算建设项目的投资利润率、投资利税率和资本金利润率。
6. 从财务评价的角度，分析判断该建设项目的可行性。

表 1-7 建设项目资金投入表　　　　　　　　　　（单位：万元）

序号	年份 建设项目	第1年	第2年	第3年	第4年	第5~8年
1	建设投资：自有资金贷款 （不含贷款利息）	260	260			
2	流动资金： 　自有资金 　贷款			200 500	100	

第二章

工程设计及施工方案技术经济分析

 学习目标

通过本章的学习,掌握工程设计及施工方案技术经济评价的内容,主要评价方法(计算费用法、多因素评分优选法、价值工程法、网络进度计算法、决策树法);了解工业与民用建筑工程设计的主要评价指标。

第二章　工程设计及施工方案技术经济分析

第一节　概　述

一、工程设计及施工方案的技术经济评价内容

1. 工程设计的技术经济评价内容

工程设计是具体实现技术与经济对立统一的过程，是确定与控制工程造价的重点阶段。因此，在总平面设计、建筑空间平面设计、建筑结构与建筑材料的选择、工艺技术方案以及设备的选型与设计等主要过程中，要加强技术经济分析和多方案的比较选择，从而实现设计产品技术先进、稳妥可靠、经济合理。

2. 工程施工方案的技术经济评价内容

工程施工方案是指在工程施工中的施工方法及相应的技术组织措施。

对施工方案进行技术经济分析的目的在于论证所编制的施工方案在技术上是否可行、在经济上是否合理，并且在保证施工质量的前提下，选择出最优的施工方案，并寻求节约造价的途径。

在对施工方案进行技术经济分析中，其分析的主要内容为工期、质量和造价三者之间的关系，应使施工方案在保证质量达到合同要求的前提下，工期合理，造价节约，为工程实施提供积极可靠的控制目标。

质量、造价、工期三者之间是对立统一的关系。我们对建设项目的主观愿望是同时达到质量好、造价低、工期短。但这种理想目标实际上是难以实现的。由项目的这三大目标组成的目标系统，是一个相互制约、相互影响的统一体，其中任何一个目标的变化，都势必引起另外两个目标的变化，并受到它们的影响和制约。强调造价和质量，工期就不应要求过严；强调造价和工期，质量就不能要求过严；强调质量和工期，造价就不能要求过严。因此，在制订施工方案经济技术分析指标时，应该先对各种客观因素和执行人可以采取的可能行动及这些行动产生的可能后果进行综合研究，实事求是地确定一套切实可行的衡量标准，具体情况具体分析，才能最终确定出最佳施工方案。

二、技术经济评价指标概述

1. 民用建筑工程设计的评价指标

民用建筑工程设计的技术经济评价指标有小区规划设计技术经济评价指标与住宅平面设计技术经济评价指标。

小区规划设计技术经济评价指标主要有：用地指标、密度指标、造价指标等，见表2-1。

住宅平面设计技术经济评价指标主要有：平面系数、辅助面积系数、结构面积系数、外墙周长系数等，见表2-2。

表 2-1 小区规划设计主要技术经济评价指标

指标分类	指标名称	计算公式
用地指标	居住用地系数（%）	$\dfrac{居住用地面积}{小区总占地面积} \times 100\%$
	公共建筑系数（%）	$\dfrac{公共建筑用地面积}{小区总占地面积} \times 100\%$
	人均用地指标/(m^2/人)	$\dfrac{总居住建筑用地面积}{小区居住总人口}$
	绿化用地系数（%）	$\dfrac{绿化用地面积}{小区总占地面积} \times 100\%$
密度指标	居住建筑面积毛密度	$\dfrac{居住建筑总面积}{居住区总用地面积}$
	居住建筑面积净密度	$\dfrac{居住建筑总面积}{居住区居住用地面积}$
	居住建筑净密度（%）	$\dfrac{居住建筑占地面积}{居住用地面积} \times 100\%$
	居住面积净密度（%）	$\dfrac{居住建筑总居住面积}{居住用地面积} \times 100\%$
造价指标	居住建筑工程造价/(元/m^2)	$\dfrac{居住建筑总投资}{居住建筑总面积} \times 100\%$

表 2-2 住宅建筑平面布置主要技术经济评价指标

指标名称	计算公式	说　明
平面系数(K_1)	$K_1 = \dfrac{居住面积}{建筑面积}$	居住面积是指住宅建筑中的居室净面积
辅助面积系数（K_2）	$K_2 = \dfrac{辅助面积}{居住面积}$	辅助面积是指住宅建筑中楼梯、走道、卫生间、厨房、阳台、储藏室等的净面积
结构面积系数(K_3)	$K_3 = \dfrac{结构面积}{建筑面积}$	结构面积是指住宅建筑各层平面中的墙柱等结构所占的面积
外墙周长系数（K_4）	$K_4 = \dfrac{建筑物外墙周长}{建筑物底层建筑面积}$	

2. 工业建筑工程设计的评价指标

工业建筑工程设计分为总平面设计和建筑空间平面设计。

总平面设计主要技术经济评价指标有：建筑系数（密度）、土地利用系数、绿化系数、工程量指标、运营费用等，见表 2-3。

建筑空间平面设计主要技术经济评价指标有：工程造价、建设工期、主要实物工程量、建筑面积、材料消耗指标、用地指标等。

第二章 工程设计及施工方案技术经济分析

表 2-3 工业建筑总平面设计主要技术经济评价指标

指标名称	计算公式	说明
建筑系数（密度）	$\frac{A_2+A_3}{A_1}\times 100\%$	A_1——厂区建设用地总面积（总平面图用地面积） A_2——建筑物、构筑物占地面积
土地利用系数	$\frac{A_2+A_3+A_4+A_5}{A_1}\times 100\%$	A_3——露天仓库、堆场、操作场地面积 A_4——铁路、道路、人行道占地面积
绿化系数	$\frac{\text{绿化面积}}{A_1}\times 100\%$	A_5——广场、地上地下管线工程占地面积
工程量指标		反映企业总图运输投资的经济指标，包括场地平整土方量、铁路道路和广场铺砌面积、排水工程、围墙长度及绿化面积
运营费用		反映企业运输设计是否经济合理的指标，包括铁路、无轨道路每吨货物的运输费用及其营运费用等

3. 施工方案的技术经济评价指标

施工方案的技术经济评价指标主要有：总工期指标、劳动生产率指标、质量指标、安全指标、造价指标、材料消耗指标、成本降低率、机械台班耗用指标、费用指标等，见表 2-4。

对施工方案进行综合技术经济分析，一般以工期、质量、成本、劳动力、材料、机械台班为重点。

表 2-4 施工方案的主要技术经济评价指标

指标名称	计算公式	说明
总工期指标		从破土动工至单位工程竣工的全部日历天数
单方用工指标/（工日/m²）	$\frac{\text{总用工数}}{\text{建筑面积}}$	
质量优良品率（%）	$\frac{\text{优良的单位工程的建筑面积}}{\text{验收鉴定的单位工程的建筑面积}}\times 100\%$	
材料节约率（%）	$\frac{\text{材料预算用量}-\text{材料计划用量}}{\text{材料预算用量}}\times 100\%$	
1m² 建筑面积大型机械耗用台班数（费用）	$\frac{\text{机械耗用总台班数（费用）}}{\text{建筑面积}}$	
成本降低率（%）	$\frac{\text{预算成本}-\text{计划成本}}{\text{预算成本}}\times 100\%$	预算成本指按预算价格计算的成本 计划成本指计划支出的成本

三、技术经济评价方法概述

1. 计算费用法

计算费用法又称最小费用法，是使用最广泛的技术经济评价方法，它以货币表示的计算费用来反映设计方案对物化劳动和活化劳动量消耗的多少，是评价设计方案优劣的方法。计算费用最小的设计方案为最佳方案。

对多方案进行分析对比时，采用计算费用法较简便。其数学表达式为

$$C_n = KE + V$$
$$C_z = K + Vt$$

式中　C_n——年计算费用；

　　　C_z——项目总计算费用；

　　　K——总投资额；

　　　V——年生产成本；

　　　t——投资回收期（年）；

　　　E——投资效果系数（与投资回收期互为倒数）。

2. 多因素评分优选法

多因素评分优选法就是对需要进行分析评价的设计方案设定若干个评价指标，按其重要程度分配权重，然后按评价标准给各指标打分，将各项指标所得分数与其权重相乘并汇总，得出各设计方案的评价总分，以总分高者为最佳方案的办法。这种方法是定量分析评价与定性分析评价相结合的方法，其关键是要正确地确定权重。其计算公式为

$$S = \sum_{i=1}^{n} S_i W_i$$

式中　S——设计方案的总分；

　　　S_i——某方案在某评价指标中的得分；

　　　W_i——某评价指标的权重；

　　　i——评价指标数，$i = 1、2、3\cdots$。

3. 价值工程法

（1）价值工程与价值的概念　价值工程以方案的功能分析为重点，通过技术与经济相结合的方式评价并优化改进方案，从而达到提高方案价值的目的。

价值是价值工程中的一个核心的概念，它是指研究对象所具有的功能与获得此项功能所需的全部成本之比。用公式表示为

$$V = \frac{F}{C}$$

式中　V——价值；

　　　F——功能；

　　　C——成本。

（2）运用价值工程法对方案进行评价的基本步骤

1）确定各项功能重要性系数

$$某项功能重要性系数 = \frac{\sum(该功能各评价指标得分 \times 该指标权重)}{各个评价指标得分之和}$$

2）计算方案的成本系数

$$某方案成本系数 = \frac{该方案成本（造价）}{各个方案成本（造价）之和}$$

3）计算方案的功能评价系数

$$某方案功能评价系数 = \frac{该方案评价总分}{各方案评价总分之和}$$

$$= \frac{\Sigma\left(\begin{array}{c}\text{各项功能重} \\ \text{要性系数}\end{array} \times \begin{array}{c}\text{该方案对该功能} \\ \text{的满足程度得分}\end{array}\right)}{\text{各方案评价总分之和}}$$

4）计算方案的价值系数

$$\text{某方案价值系数} = \frac{\text{该方案功能评价系数}}{\text{该方案成本系数}}$$

5）比较各方案的价值系数，价值系数最高的方案为最佳方案。

4．网络进度计划法

网络进度计划法是利用有向箭头网络图表示一项工程中各项工作的开展顺序及其相互关系的一种方法，在案例分析中常用的是双代号网络图。

（1）网络计划中的时间参数　网络计划中的时间参数包括：工作最早开始时间（ES_{i-j}）、工作最迟开始时间（LS_{i-j}）、工作最早结束时间（EF_{i-j}）、工作最迟结束时间（LF_{i-j}）、工作总时差（TF_{i-j}）、工作自由时差（FF_{i-j}）。

（2）关键线路的确定　一般网络计划中，总时差为零的工作称为关键工作，由开始节点至终止节点所有关键工作组成的线路为关键线路，这条线路上各工作持续时间之和为最大，即为工程的计算工期。

（3）网络进度计划的优化　网络计划的优化包括工期优化、费用优化和资源优化。

5．决策树法

决策树法是直观运用概率分析的一种图解方法。它主要是用于对各个投资方案的状态、概率和收益进行比较选择，为决策者选择最优方案提供依据。决策树法特别适用于多阶段决策分析。

决策树一般由决策点、机会点、方案枝、概率枝组成（图2-1）。

决策树的绘制方法为：首先确定决策点，决策点一般用"□"表示；然后从决策点引出若干条直线，代表各个备选方案，这些直线称为方案枝；方案枝后面连接一个"○"，称为机会点；从机会点画出的各条直线，称为概率枝，代表将来的不同状态，概率枝后面的数值代表不同方案在不同状态下可获得的收益值。为了计算方便，决策树中的"□"（决策点）和"○"（机会点）均进行编号。编号的顺序是从左到右，从上到下。画出决策树后，就可以很容易地计算出各个方案的期望值并进行比较选择。

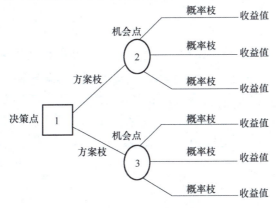

图2-1　决策树的组成

第二节 案例分析

【背景】

某 6 层单元式住宅共 54 户,建筑面积为 3949.62m^2。原设计方案为砖混结构,内、外墙为 240mm 砖墙。现拟定的新方案为内浇外砌结构,外墙做法不变,内墙采用 C20 混凝土浇筑。新方案内横墙厚为 140mm,内纵墙厚为 160mm,其他部位的做法、选材及建筑标准与原方案相同。两方案各项指标见表 2-5。

表 2-5 设计方案指标对比表

设 计 方 案	建筑面积/m^2	使用面积/m^2	概算总额/元
砖混结构	3949.62	2797.20	4163789
内浇外砌结构	3949.62	2881.98	4300342

【问题】

1. 计算两方案以下技术经济指标。

(1) 两方案建筑面积、使用面积单方造价各多少?每平方米差价多少?

(2) 新方案每户增加使用面积多少平方米?平均每户多投入多少元?折合每平方米使用面积单价为多少元?

2. 若作为商品房,按使用面积单方售价 5647.96 元出售,两方案的总售价相差多少?

3. 若作为商品房,按建筑面积单方售价 4000 元出售,两方案折合使用面积每平方米单方售价各多少元?相差多少?

【分析要点】

本案例主要考核利用技术经济指标对设计方案进行比较和评价,要求能准确计算各项指标值,并能根据评价指标进行设计方案的分析和比较。

【答案】

1. 技术经济指标计算

(1) 两方案的建筑面积、使用面积单方造价及每平方米差价见表 2-6。

表 2-6 建筑面积、使用面积单方造价及每平方米差价计算表

方 案	建 筑 面 积			使 用 面 积		
	单方造价/(元/m^2)	差价/(元/m^2)	差率(%)	单方造价/(元/m^2)	差价/(元/m^2)	差率(%)
砖混结构	4163789/3949.62 =1054.23	34.57	3.28	4163789/2797.20 =1488.56	3.59	0.24
内浇外砌结构	4300342/3949.62 =1088.80			4300342/2881.98 =1492.15		

由表 2-6 可知，按建筑面积计算，新方案比原方案每平方米高出 34.57 元，约高 3.28%；而按使用面积计算，新方案则比原方案每平方米高出 3.59 元，约高 0.24%。

（2）每户平均增加的使用面积为

$$(2881.98 - 2797.20)m^2/54 = 1.57m^2$$

每户多投入

$$(4300342 - 4163789)元/54 = 2528.76 元$$

折合每平方米使用面积单价为

$$2528.76 元/1.57m^2 = 1610.68 元/m^2$$

计算结果是每户增加使用面积 1.57m^2，每户多投入 2528.76 元。

2. 若作为商品房按使用面积单方售价 5647.96 元出售，则

总销售差价 = $2881.98m^2 \times 5647.96 元/m^2 - 2797.20m^2 \times 5647.96 元/m^2$
= 478834 元

总销售额差率 = $478834/(2797.20 \times 5647.96) = 3.03\%$

3. 若作为商品房按建筑面积单方售价 4000 元出售，则两方案的总售价均为

$$3949.62m^2 \times 4000 元/m^2 = 15798480 元$$

折合成使用面积单方售价为

砖混结构方案：单方售价 = 15798480 元/2797.20m^2 = 5647.96 元/m^2

内浇外砌结构方案：单方售价 = 15798480 元/2881.98m^2 = 5481.81 元/m^2

在保持销售总额不变的前提下，按使用面积计算，两方案

单方售价差额 = $(5647.96 - 5481.81)元/m^2 = 166.15 元/m^2$

单方售价差率 = $166.15/5647.96 = 2.94\%$

案例二

【背景】

某制造厂在进行厂址选择过程中，对甲、乙、丙 3 个地点进行了考虑。综合专家评审意见，提出了厂址选择的评价指标，包括：①接近原料产地；②有良好的排污条件；③有一定的水源、动力条件；④当地有廉价的劳动力从事原料采集、搬运工作；⑤地价便宜。

经专家评审，3 个地点的得分情况和各项指标的重要程度见表 2-7。

表 2-7 各项情况表

序号	评价指标	各评价指标权重	选择方案得分		
			甲	乙	丙
1	接近原料产地	0.35	90	80	75
2	排污条件	0.25	80	75	90
3	水源、动力条件	0.20	70	90	80
4	劳动力资源	0.10	80	85	90
5	地价便宜	0.10	90	85	90

【问题】

请根据上述资料进行厂址选择。

【分析要点】

本案例要求掌握评价指标体系的设计，熟练运用多因素评分优选法进行案例分析。

【答案】

根据多因素评分优选法，各方案的综合得分等于各方案的各指标得分与该指标的权重的乘积之和，计算如下：

甲地综合得分 $= 0.35 \times 90 + 0.25 \times 80 + 0.2 \times 70 + 0.1 \times 80 + 0.1 \times 90 = 82.5$

乙地综合得分 $= 0.35 \times 80 + 0.25 \times 75 + 0.2 \times 90 + 0.1 \times 85 + 0.1 \times 85 = 81.75$

丙地综合得分 $= 0.35 \times 75 + 0.25 \times 90 + 0.2 \times 80 + 0.1 \times 90 + 0.1 \times 90 = 82.75$

因此，应选择丙地。

案例三

【背景】

某工程项目设计人员根据业主的使用要求，提出了3个设计方案。有关专家决定从5个方面（分别以 $F_1 \sim F_5$ 表示）对不同方案的功能进行评价，各功能的重要性分析如下：F_3 相对 F_4 很重要；F_3 相对 F_1 较重要；F_2 和 F_5 同样重要；F_4 和 F_5 同样重要。各方案单位面积造价及专家对3个方案满足程度的评分结果见表2-8。

表2-8　各方案单位面积造价及满足程度评分表

得分 方案 功能	A	B	C	得分 方案 功能	A	B	C
F_1	9	8	9	F_4	7	6	8
F_2	8	7	8	F_5	10	9	8
F_3	8	10	10	单位面积造价/(元/m²)	1680	1720	1590

【问题】

1. 使用0~4评分法计算各功能的权重，并填入表2-9。

2. 选择最佳设计方案。

3. 在确定某一设计方案后，设计人员按限额设计要求，确定建筑安装工程目标成本额为14000万元，然后以主要分部工程为对象进一步开展价值工程分析。各分部工程评分值及目前成本见表2-10。试分析各功能项目的功能指数、目标成本及应降低额，并确定功能改进顺序（填入表2-11）。

表2-9　各功能权重表

功能	F_1	F_2	F_3	F_4	F_5	得分	权重
F_1	×						
F_2		×					
F_3			×				
F_4				×			
F_5					×		
合　计							

第二章 工程设计及施工方案技术经济分析

表2-10 功能得分及目前成本表

功能项目	功能得分	目前成本/万元
A. ±0.000以下工程	21	3854
B. 主体结构工程	35	4633
C. 装饰工程	28	4364
D. 水电安装工程	32	3219

表2-11 确定功能改进顺序表

方案	功能指数	目前成本/万元	目标成本/万元	应降低额/万元	功能改进顺序
A. ±0.000以下工程					
B. 主体结构工程					
C. 装饰工程					
D. 水电安装工程					

【分析要点】

案例中仅给出了各功能因素重要性之间的关系,各功能因素的权重需要根据0~4评分法的计分办法自行计算。按0~4评分法规定,2个功能因素比较时,其相对重要程度有以下3种基本情况:

(1) 很重要的功能因素得4分,另一很不重要的功能因素得0分。
(2) 较重要的功能因素得3分,另一较不重要的功能因素得1分。
(3) 同样重要或基本同样重要时,则两个功能因素各得2分。

【答案】

问题1

各功能权重计算表见表2-12。

(1) F_3 相对 F_4 很重要,即 F_4 相对 F_3 很不重要,所以,F_3 相对 F_4 得4分,F_4 相对 F_3 得0分。

(2) F_3 相对 F_1 较重要,即 F_1 相对 F_3 较不重要,所以,F_3 相对 F_1 得3分,F_1 相对 F_3 得1分。

(3) F_2 和 F_5 同样重要,即 F_2 相对 F_5、F_5 相对 F_2 各得2分。

(4) F_4 和 F_5 同样重要,即 F_4 相对 F_5、F_5 相对 F_4 各得2分。

(5) F_2 和 F_5 同样重要,F_4 和 F_5 同样重要,所以 F_2 和 F_4 同样重要,即 F_4 相对 F_2 和 F_2 相对 F_4 各得2分。

(6) F_3 相对 F_4 很重要,F_2 和 F_5 同样重要,F_4 和 F_5 同样重要,所以,F_3 相对 F_2、F_4 很重要,F_2、F_4 相对 F_3 很不重要,即 F_3 相对 F_2、F_4 得4分,F_2、F_4 相对 F_3 得0分。

(7) F_3 相对 F_4 很重要,F_3 相对 F_1 较重要,所以,F_1 相对 F_4 较重要,F_4 相对 F_1 较不重要,即 F_1 相对 F_4 得3分,F_4 相对 F_1 得1分。

(8) F_4 和 F_5 同样重要,所以,F_1 相对 F_5 较重要,F_5 相对 F_1 较不重要,即 F_1 相对 F_5 得3分,F_5 相对 F_1 得1分。

表 2-12 各功能权重计算表

功 能	F_1	F_2	F_3	F_4	F_5	得 分	权 重
F_1	×	3	1	3	3	10	0.25
F_2	1	×	0	2	2	5	0.125
F_3	3	4	×	4	4	15	0.375
F_4	1	2	0	×	2	5	0.125
F_5	1	2	0	2	×	5	0.125
合计						40	1.00

问题 2

各方案的功能加权得分为

$$W_A = 9 \times 0.25 + 8 \times 0.125 + 8 \times 0.375 + 7 \times 0.125 + 10 \times 0.125 = 8.375$$

$$W_B = 8 \times 0.25 + 7 \times 0.125 + 10 \times 0.375 + 6 \times 0.125 + 9 \times 0.125 = 8.500$$

$$W_C = 9 \times 0.25 + 8 \times 0.125 + 10 \times 0.375 + 8 \times 0.125 + 8 \times 0.125 = 9.000$$

$$W = W_A + W_B + W_C = 8.375 + 8.500 + 9.000 = 25.875$$

$$\begin{cases} F_A = 8.375/25.875 = 0.324 \\ F_B = 8.500/25.875 = 0.329 \\ F_C = 9.000/25.875 = 0.348 \end{cases}$$

$$\begin{cases} C_A = 1680/(1680+1720+1590) = 1680/4990 = 0.337 \\ C_B = 1720/4990 = 0.345 \\ C_C = 1590/4990 = 0.319 \end{cases}$$

$$\begin{cases} V_A = 0.324/0.337 = 0.961 \\ V_B = 0.329/0.345 = 0.954 \\ V_C = 0.348/0.319 = 1.091 \end{cases}$$

由以上计算看出：C 方案价值指数最大，所以 C 方案为最佳方案。

问题 3

（1）功能指数

$$F_A = 21/(21+35+28+32) = 21/116 = 0.181$$

$$F_B = 35/116 = 0.302$$

$$F_C = 28/116 = 0.241$$

$$F_D = 32/116 = 0.276$$

（2）目标成本

$$C_A = 14000\ 万元 \times 0.181 = 2534\ 万元$$

$$C_B = 14000\ 万元 \times 0.302 = 4228\ 万元$$

$$C_C = 14000\ 万元 \times 0.241 = 3374\ 万元$$

$$C_D = 14000\ 万元 \times 0.276 = 3864\ 万元$$

确定功能改进顺序如表 2-13 所示。

第二章 工程设计及施工方案技术经济分析

表 2-13 功能改进顺序表

方　案	功能指数	目前成本/万元	目标成本/万元	应降低额/万元	功能改进顺序
A. ±0.000 以下工程	0.181	3854	2534	1320	1
B. 主体结构工程	0.302	4633	4228	405	3
C. 装饰工程	0.241	4364	3374	990	2
D. 水电安装工程	0.276	3219	3864	−645	4

【背景】

某企业生产的某种产品在市场上供不应求，因此该企业决定投资扩建新厂。据研究分析，该产品 10 年后将升级换代，目前的主要竞争对手也可能扩大生产规模，故提出以下三个扩建方案：

（1）大规模扩建新厂，需投资 3 亿元。据估计，该产品销路好时，每年的净现金流量为 9000 万元；销路差时，每年的净现金流量为 3000 万元。

（2）小规模扩建新厂，需投资 1.4 亿元。据估计，该产品销路好时，每年的净现金流量为 4000 万元；销路差时，每年的净现金流量为 3000 万元。

（3）先小规模扩建新厂，3 年后，若该产品销路好再决定是否再次扩建。若再次扩建，需投资 2 亿元，其生产能力与方案一相同。

据预测，在今后 10 年内，该产品销路好的概率为 0.7，销路差的概率为 0.3。

基准折现率 $i_c = 10\%$，不考虑建设期所持续的时间。

【问题】

1. 画出决策树。
2. 试决定采用哪个方案扩建。

【分析要点】

本案例已知三个方案的净现金流量和概率，可采用决策树法进行分析决策。由于方案三需分为前 3 年和后 7 年两个阶段考虑，因而本案例是一个两级决策问题，相应在决策树中有两个决策点，这是在画决策树时需注意的。另外，由于净现金流量和投资发生在不同时间，故首先需要将净现金流量折算成现值，然后再进行期望值的计算。

本案例的难点在于方案三期望值的计算。在解题时需注意以下几点：

（1）方案三决策点 II 之后的方案枝没有概率枝。

（2）背景资料未直接给出方案三在三种情况下（销路好再次扩建、销路好不扩建、销路差）的净现金流量，需根据具体情况，分别采用方案一和方案二的相应数据。尤其是背景资料中的"其生产能力与方案一相同"，隐示其年净现金流量为 9000 万元。

（3）需二次折现，即后 7 年的净现金流量按 7 年等额年金折现计算后，还要按一次支付现值系数折现到前 3 年初。

【答案】

问题 1

根据背景资料所给出的条件画出决策树，标明各方案的概率和净现金流量，如图 2-2 所示。

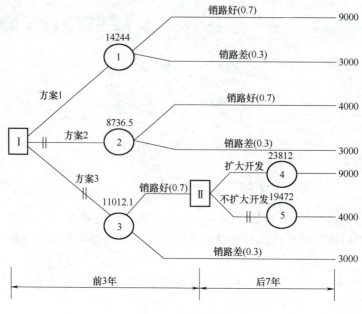

图 2-2 决策树图

问题 2

计算图 2-2 中各机会点的期望值（将计算结果标在各机会点的上方）。

点①：$(9000 \times 0.7 + 3000 \times 0.3)$ 万元 $\times (P/A, 10\%, 10) - 30000$ 万元
 $= 7200$ 万元 $\times 6.145 - 30000$ 万元 $= 14244$ 万元

点②：$(4000 \times 0.7 + 3000 \times 0.3)$ 万元 $\times (P/A, 10\%, 10) - 14000$ 万元
 $= 3700$ 万元 $\times 6.145 - 14000$ 万元 $= 8736.5$ 万元

点④：9000 万元 $\times (P/A, 10\%, 7) - 20000$ 万元
 $= 9000$ 万元 $\times 4.868 - 20000$ 万元 $= 23812$ 万元

点⑤：4000 万元 $\times (P/A, 10\%, 7)$
 $= 4000$ 万元 $\times 4.868 = 19472$ 万元

对于决策点Ⅱ，机会点④的期望值大于机会点⑤的期望值，因此，应采用 3 年后销路好时再次扩建的方案。

机会点③期望值的计算比较复杂，包括以下两种状态下的两个方案：

(1) 销路好状态下的前 3 年小规模扩建，后 7 年再次扩建。
(2) 销路坏状态下小规模扩建持续 10 年。

故机会点③的期望值为

4000 万元 $\times 0.7 \times (P/A, 10\%, 3) + 23812$ 万元 $\times 0.7 \times (P/F, 10\%, 3) + 3000$ 万元 $\times 0.3 \times (P/A, 10\%, 10) - 14000$ 万元
$= 4000$ 万元 $\times 0.7 \times 2.487 + 23812$ 万元 $\times 0.7 \times 0.751 + 3000$ 万元 $\times 0.3 \times 6.145 - 14000$ 万元
$= 11012.1$ 万元

对于决策点Ⅰ的决策，需比较机会点①、②、③的期望值，由于机会点①的期望值最大，故应采用大规模扩建新厂方案。

第二章 工程设计及施工方案技术经济分析

案例五

【背景】

某工程的施工计划网络图如图2-3所示，各工序的时间及费用消耗见表2-14，合同工期为36周，每提前1周奖励20000元，每延期1周罚款30000元。

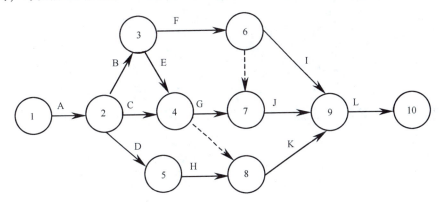

图2-3 某工程的施工计划网络图

表2-14 某工程各工序的时间及费用消耗

工 序	施工组织方案1		施工组织方案2	
	时间/周	费用/元	时间/周	费用/元
A	4	25000	3	30000
B	6	40000	5	43000
C	4	20000	4	20000
D	6	38000	6	38000
E	7	24000	6	29000
F	5	12000	5	12000
G	9	26000	8	30000
H	6	27000	6	27000
I	7	35000	7	35000
J	5	21000	5	21000
K	5	18000	4	22000
L	7	30000	7	30000

【问题】

试比较施工组织方案1与施工组织方案2的优劣。

【分析要点及答案】

（1）施工组织方案1。绘制施工组织方案1的网络图，如图2-4所示。

由图2-4可知，施工组织方案1的关键线路为 A→B→E→G→J→L，工期为38周，费用为316000元。

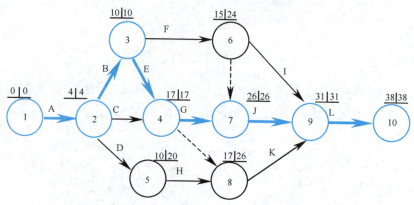

图 2-4 施工组织方案 1 的网络图

（2）施工组织方案 2。绘制施工组织方案 2 的网络图，如图 2-5 所示。

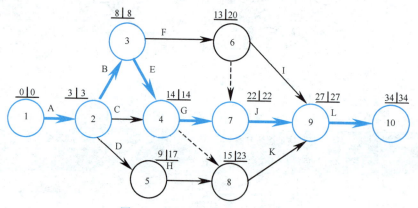

图 2-5 施工组织方案 2 的网络图

由图 2-5 可知，施工组织方案 2 的关键线路为 A→B→E→G→J→L，工期为 34 周，费用为 337000 元。

（3）施工组织方案 1 与施工组织方案 2 总费用比较。如果只从各方案的总费用表面来看，方案 1 优于方案 2。但是考虑到工期奖罚因素，方案 1 延期 2 周，需罚款 60000 元，即方案 1 的总费用为

$$316000 \text{元} + 60000 \text{元} = 376000 \text{元}$$

而方案 2 提前 2 周，可奖励 40000 元，即方案 2 的总费用为

$$337000 \text{元} - 40000 \text{元} = 297000 \text{元}$$

综合分析后得出的结论：方案 2 优于方案 1。

练 习 题

练习题一

【背景】

某工程施工工序组织网络图如图 2-6 所示，各工序工时与费用见表 2-15，合同工期为

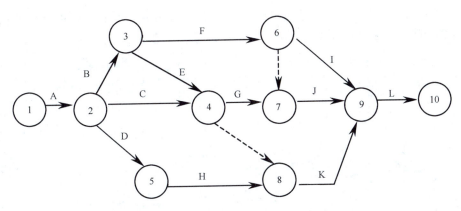

图 2-6 某工程施工工序组织网络图

36 周，每提前 1 周奖励 10000 元，每延长 1 周罚款 20000 元。

表 2-15 各工序工时与费用表

工 序	施工组织方案 1		施工组织方案 2	
	工时/周	费用/元	工时/周	费用/元
A	5	24000	4	30000
B	8	41000	7	43000
C	4	26000	4	20000
D	6	32000	6	36000
E	5	23000	4	29000
F	5	13000	5	12000
G	8	22000	8	33000
H	6	27000	6	27000
I	7	30000	7	34000
J	5	21000	5	21000
K	5	18000	4	20000
L	7	36000	6	32000

【问题】

试比较施工组织方案 1 和方案 2 的优劣。

练习题二

【背景】

某工程项目有 A、B、C、D 四种不同的设计方案，方案应考虑适用性（F_1、F_2、F_3）、安全性（F_4）、美观性（F_5）和其他功能（F_6），方案论证过程采取业主、设计院、施工单位综合评价方案的方法，三家意见的权重分别为 60%、20%、20%（评价过程的相关信息资料见表 2-16），业主对各方案功能满足程度已确定（见表 2-17）。

表 2-16 功能权重系数评分

	业主评分	设计院评分	施工单位评分
F_1	40	35	30
F_2	15	12	17
F_3	8	4	5
F_4	27	20	23
F_5	8	16	13
F_6	2	13	12
四方案造价/(元/m²)			

表 2-17 各方案功能满足程度评分表

A	B	C	D
10	10	9	8
10	9	10	9
5	9	10	10
10	10	9	10
8	8	10	9
7	9	8	10
360	330	370	300

【问题】

1. 根据上述资料计算功能权重系数。
2. 计算成本系数。
3. 计算功能评价系数。
4. 计算价值系数。
5. 确定最佳方案。

练习题三

【背景】

某项目混凝土总需要量为 5000m³，混凝土工程施工有两种方案可供选择：方案 A 为现场制作，方案 B 为购买商品混凝土。已知商品混凝土平均单价为 410 元/m³，现场制作混凝土单价计算公式为

$$C = \frac{C_1}{Q} + \frac{C_2 T}{Q} + C_3$$

式中 C——现场制作混凝土的单价（元/m³）；

C_1——现场搅拌站一次性投资（元），本案例 C_1 为 200000 元；

C_2——搅拌站设备装置的租金和维修费（与工期有关的费用），本案例 C_2 为 15000 元/月；

C_3——在现场搅拌混凝土所需费用（与混凝土数量有关的费用），本案例 C_3 为 320 元/m³；

Q——现场制作混凝土的数量（m³）；

T——工期（月）。

【问题】

1. 若混凝土浇筑工期不同时，A、B 两个方案哪一个经济？
2. 当混凝土浇筑工期为 12 个月时，现场制作混凝土的数量最少为多少立方米才比购买商品混凝土经济？
3. 假设该工程的一根 9.9m 长的现浇钢筋混凝土梁可采用三种设计方案，其断面尺寸均满足强度要求，该三种方案分别采用 A、B、C 三种不同的现浇混凝土，有关数据见

表2-18。经测算,现浇混凝土所需费用如下:A 种混凝土为 220 元/m³,B 种混凝土为 230 元/m³,C 种混凝土为 225 元/m³。另外,梁侧模 21.4 元/m²,梁底模 24.8 元/m²,钢筋制作、绑扎为 3390 元/t。试选择一种最经济的方案。

表2-18 各方案基础数据表

方 案	断 面 尺 寸	1m³ 混凝土使用钢筋量/kg	混凝土种类
一	300mm×900mm	95	A
二	500mm×600mm	80	B
三	300mm×800mm	105	C

练习题四

【背景】

某分项工程的网络计划如图 2-7 所示,计算工期为 44d。根据技术方案,确定 A、D、I 三项工作使用一台机械顺序施工。

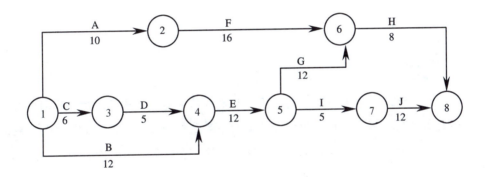

图 2-7 某分项工程的网络图

【问题】

1. 分别按 A→D→I 和 D→A→I 的顺序改变原计划,绘出它们的施工计划网络图。
2. 计算两个施工方案的工期,找出关键线路,并求出它们的机械闲置时间。
3. 评价两个方案的优劣,选出最优方案。

第三章 建设工程定额

学习目标

通过本章的学习,了解建设工程定额的分类及其作用,明确劳动定额、材料消耗定额、机械台班定额是编制企业定额的基础;了解建设工程定额编制的方法;掌握编制企业定额的具体方法,会计算时间定额、材料净用量、损耗量;了解单位估价表的编制及应用。

第一节 概 述

一、建设工程定额的概念

建设工程定额是指在正常的施工生产条件下完成单位合格产品所必须消耗的人工、材料、施工机械台班及其价值的数量标准。

建设工程定额所规定的消耗标准，反映了在一定社会生产力水平条件下完成工程建设中某项单位产品生产与生产消耗之间特定的数量关系，体现了在正常施工条件下人工、材料、机械台班等消耗量的社会平均水平或平均先进水平。

建设工程定额是对工程建设中使用的各种定额的总称，其单位产品一般指各定额中的一个具体的项目或子目。

二、建设工程定额的分类

建设工程定额可以从不同的角度进行分类。

1. 按生产要素分类

（1）劳动定额 劳动定额是工程实施阶段使用的定额。它规定了在正常施工生产条件下，某工种某等级的工人或工人小组生产单位合格产品所需消耗的劳动时间，或者是在单位工作时间内生产合格产品的数量。前者称为时间定额，后者称为产量定额。

（2）材料消耗定额 材料消耗定额是工程实施阶段使用的定额。它规定了在正常施工生产条件下，在节约和合理使用材料时，生产单位合格产品所需消耗的一定品种、规格的原材料、半成品、成品和结构构件的数量标准。

（3）机械台班定额 机械台班定额主要在工程实施阶段使用。它规定了在正常施工生产条件下，使用某种施工机械生产单位合格产品所需消耗的机械工作时间，或者是在单位时间内使用某种施工机械完成合格产品的数量标准。

2. 按用途分类

（1）企业定额 企业定额是所属企业投标报价、控制工程成本、组织施工和内部实施有效管理的依据。它反映了该企业的生产力水平。

企业定额一般由劳动定额、材料消耗定额、机械台班定额组成。

（2）预算定额 预算定额反映了社会平均生产力水平，主要用于编制施工图预算，是确定单位分项工程人工、材料、机械台班消耗的数量标准。

（3）概算定额 概算定额反映了社会平均生产力水平，主要用于编制设计概算，它是确定一定计量单位的扩大分项工程的人工、材料、机械台班消耗的数量标准。

（4）概算指标 概算指标是对已完工程各种合理消耗量统计分析后，编制的人工、材料、机械台班及费用消耗数量标准，主要用于编制设计概算和投资估算。

（5）估算指标 估算指标是概算指标进一步分析汇总的更为简化的劳动消耗指标，主要用于编制单项工程或单位工程投资估算。

3. 按费用性质分类

（1）建筑工程定额　建筑工程定额一般包括建筑工程企业定额、预算定额、概算定额和概算指标，它是确定建筑工程人工、材料、机械台班消耗量的标准。

（2）建筑装饰装修工程定额　建筑装饰装修工程定额一般包括装饰装修工程的企业定额、预算定额、概算定额和概算指标，它是确定装饰装修工程人工、材料、机械台班消耗量的标准。

（3）安装工程定额　安装工程定额一般包括安装工程企业定额、预算定额、概算定额和概算指标，它是确定安装工程人工、材料、机械台班消耗量的标准。

（4）市政工程定额　市政工程定额一般包括市政工程企业定额、预算定额、概算定额和概算指标，它是确定市政工程人工、材料、机械台班消耗量的标准。

（5）园林绿化工程定额　园林绿化工程定额一般包括园林绿化工程企业定额、预算定额、概算定额和概算指标，它是确定园林绿化工程人工、材料、机械台班消耗量的标准。

（6）费用定额　费用定额包括其他直接费定额、现场经费定额、间接费定额，它是确定建筑工程、安装工程、建筑装饰装修工程、市政工程、园林绿化工程的施工图预算、设计概算的其他直接费、现场经费、间接费等的计算依据。

三、建设工程定额编制方法简介

编制建设工程定额的主要方法有：技术测定法、统计计算法、经验估计法和比较类推法。

1. 技术测定法

技术测定法也称计时观察法，是一种科学的研究和制订定额的方法。它是通过对施工过程的具体活动进行实地观察，详细记录工人或施工机械的工作时间，记录完成产品数量和有关影响因素，然后对记录结果进行分析研究，整理出数据资料，为编制定额提供可靠数据的一种编制定额的方法。

2. 统计计算法

统计计算法是应用过去积累的完成施工过程的时间以及产品数量的资料，运用各种统计方法加工成数据，根据这些数据编制定额的一种方法。

3. 经验估计法

经验估计法是根据定额员、技术员、生产管理人员和老工人的实际工作经验，对生产某一产品或完成某项工作所需人工、材料、机械台班消耗量进行分析、讨论后，估计其定额消耗量的一种方法。

4. 比较类推法

比较类推法也称典型定额法。该方法是在同类型的定额项目中，选择有代表性的典型项目，用技术测定法等方法编制出定额后，再根据这些典型项目定额，用比较类推的方法编制其他相关定额的一种方法。

第二节 案例分析

【背景】

采用技术测定法的测时法取得人工手推双轮车 65m 运距运输标准砖的数据如下。

双轮车装载量：105 块/次

工作日作业时间：400min

每车装卸时间：10min

往返一次运输时间：2.90min

工作日准备与结束工作时间：30min

工作日休息时间：35min

工作日不可避免中断时间：15min

【问题】

1. 计算每日单车运输次数。
2. 计算每运 1000 块标准砖的作业时间。
3. 计算准备与结束工作时间、休息时间、不可避免中断时间分别占作业时间的百分比。
4. 确定每运 1000 块标准砖的时间定额。

【分析要点】

本案例采用了测时法取得的双轮车 65m 运距运输标准砖的现场测时资料和每车装载标准砖的数量，来拟定运输标准砖的时间定额。重点考核工人工作时间分类和各分类之间的联系以及时间定额的计算方法。

本案例应掌握以下概念和方法：

（1）工人工作时间的分类。工人工作时间分为定额时间与非定额时间。定额时间包括：基本工作时间、准备与结束工作时间、辅助工作时间、不可避免中断时间、休息时间。基本工作时间与辅助工作时间合并后称为作业时间。

（2）时间定额计算公式。

$$时间定额 = 作业时间 \times \left(1 + \frac{准备与结束工作时间}{占作业时间百分比} + \frac{不可避免中断时间}{占作业时间百分比} + \frac{休息时间}{占作业时间百分比}\right)$$

【答案】

问题 1

$$每日单车运输次数 = \frac{400\text{min}}{(10 + 2.90)\text{min}/次} = 31 \text{ 次}$$

问题 2

$$每运 1000 块标准砖的作业时间 = \frac{作业时间}{每日产量} \times 1000$$

$$= \frac{400\min}{105 \times 31} \times 1000$$
$$= 122.89\min$$

问题 3

$$\begin{array}{l}\text{准备与结束工作时间} \\ \text{占作业时间百分比}\end{array} = \frac{30}{400} \times 100\% = 7.5\%$$

$$\begin{array}{l}\text{休息时间占} \\ \text{作业时间百分比}\end{array} = \frac{35}{400} \times 100\% = 8.75\%$$

$$\begin{array}{l}\text{不可避免中断时间} \\ \text{占作业时间百分比}\end{array} = \frac{15}{400} \times 100\% = 3.75\%$$

问题 4

$$\begin{array}{l}\text{每运 1000 块标准砖} \\ \text{的时间定额}\end{array} = 122.89\min \times (1 + 7.5\% + 8.75\% + 3.75\%)$$
$$= 147.47\min$$

【背景】

某框架结构填充墙，采用混凝土空心砌块砌筑，墙厚 190mm，空心砌块尺寸 390mm×190mm×190mm，损耗率 1.5%；砌块墙的砂浆灰缝为 10mm，砂浆损耗率为 1.5%。

【问题】

1. 计算每 1m³ 厚度为 190mm 的混凝土空心砌块墙的砌块净用量和消耗量。
2. 计算每 1m³ 厚度为 190mm 的混凝土空心砌块墙的砂浆消耗量。

【分析要点】

本案例可按砌标准砖墙标准砖用量的计算方法计算砌块的用量。

$$\begin{array}{l}\text{每 1m}^3\text{ 墙体标} \\ \text{准砖净用量}\end{array} = \frac{\text{墙厚的砖数} \times 2}{\text{墙厚} \times (\text{砖长} + \text{灰缝}) \times (\text{砖厚} + \text{灰缝})}$$

将上式的分子代换为另一种表达方式后，就可以描述出砌块墙砌体用量的计算公式：

$$\begin{array}{l}\text{每 1m}^3\text{ 墙体砌} \\ \text{块净用量}\end{array} = \frac{\text{标准块中砌块用量}}{\text{墙厚} \times (\text{砌块长} + \text{灰缝}) \times (\text{砌块厚} + \text{灰缝})}$$

$$\begin{array}{l}\text{每 1m}^3\text{ 墙体砌} \\ \text{块消耗量}\end{array} = \frac{\text{每 1m}^3\text{ 墙体砌块净用量}}{1 - \text{损耗率}}$$

$$\begin{array}{l}\text{每 1m}^3\text{ 砌块墙} \\ \text{砂浆消耗量}\end{array} = \frac{1\text{m}^3 - \text{每 1m}^3\text{ 墙体砌块净用量} \times \text{砌块体积}}{1 - \text{损耗率}}$$

【答案】

问题 1

$$\begin{array}{l}\text{每 1m}^3\text{ 的 190mm 厚墙体中混凝土} \\ \text{空心砌块净用量}\end{array} = \frac{1\text{m}^3}{[0.19 \times (0.39 + 0.01) \times (0.19 + 0.01)]\text{m}^3/\text{块}}$$
$$= 65.80 \text{ 块}$$

$$\begin{array}{l}\text{每 1m}^3\text{ 的 190mm 厚墙体中混凝土} \\ \text{空心砌块消耗量}\end{array} = \frac{65.80}{1 - 1.5\%}\text{块} = 66.80 \text{ 块}$$

问题2

$$\text{每}1\text{m}^3\text{的}190\text{mm厚墙体中砂浆消耗量} = \frac{1\text{m}^3 - 65.80 \times (0.39 \times 0.19 \times 0.19)\text{m}^3}{1 - 1.5\%} = 0.075\text{m}^3$$

【背景】

根据选定的现浇钢筋混凝土矩形梁施工图计算出每 10m^3 矩形梁模板接触面积为 68.70m^2，经计算每 10m^2 模板接触面积需模板 1.64m^3，制作损耗率为 5%，周转次数为 5 次，补损率 15%，模板折旧率 50%。

【问题】

1. 计算每 10m^3 现浇混凝土矩形梁的模板一次使用量。
2. 计算模板的周转使用量。
3. 计算模板回收量。
4. 计算每 10m^3 现浇混凝土矩形梁模板的摊销量。

【分析要点】

本案例的最终目的是计算每 10m^3 现浇混凝土矩形梁的模板摊销量。要完成这一任务，首先要明确一次使用量、周转使用量、回收量、摊销量、周转次数、补损率、折旧率等基本概念，其次是要掌握模板一次使用量、周转使用量、回收量、摊销量的计算方法。

（1）一次使用量指周转材料周转一次的基本使用量，即一次投入量。

（2）周转使用量指每周转一次的平均使用量，即周转中共投入量除以周转次数。

（3）回收量指总回收量除以周转次数所得的平均回收量。

（4）摊销量指定额规定的平均一次消耗量，是应分摊到每一分项工程上的消耗量，也是纳入定额的实际消耗量。

（5）周转次数指周转材料重复使用的次数，可以用统计法或观察法确定。

（6）补损率指周转材料第二次及以后各次周转中，为了补充上次使用产生的不可避免损耗量的比率，一般采用平均补损率来表示。

【答案】

问题1

$$\text{每}10\text{m}^3\text{现浇混凝土矩形梁的模板一次使用量} = \frac{10\text{m}^3\text{混凝土构件模板接触面积} \times 1\text{m}^2\text{接触面积模板净用量}}{1 - \text{制作损耗率}}$$

$$= \frac{68.70\text{m}^2 \times (1.64\text{m}^3 \div 10\text{m}^2)}{1 - 5\%} = 11.86\text{m}^3$$

问题2

$$\text{模板周转使用量} = \text{模板一次使用量} \times \frac{1 + (\text{周转次数} - 1) \times \text{补损率}}{\text{周转次数}}$$

$$= 11.86\text{m}^3 \times \frac{1 + (5-1) \times 15\%}{5}$$

$$= 3.80\text{m}^3$$

问题 3

$$模板回收量 = 一次使用量 \times \frac{1-补损率}{周转次数}$$

$$= 11.86 m^3 \times \frac{1-15\%}{5}$$

$$= 2.016 m^3$$

问题 4

$$模板摊销量 = 周转使用量 - 回收量 \times 折旧率$$

$$= 3.80 m^3 - 2.016 m^3 \times 50\%$$

$$= 2.792 m^3$$

案例四

【背景】

使用1:2水泥砂浆贴 500mm×500mm×12mm 花岗岩板墙面,灰缝宽1mm,水泥砂浆黏结层厚5mm,花岗岩板损耗率2%,水泥砂浆损耗率1%。

【问题】

1. 计算每 $100m^2$ 墙面贴花岗岩板材的消耗量。
2. 计算每 $100m^2$ 墙面贴花岗岩板材的黏结层砂浆和灰缝砂浆消耗量。

【分析要点】

(1) 计算墙面花岗岩板材消耗量要考虑灰缝所占的面积,其板材用量计算公式为

$$\frac{每100m^2 墙面}{贴板材净用量} = \frac{100m^2}{(块料长+灰缝)\times(块料宽+灰缝)}$$

$$\frac{每100m^2 墙面}{贴板材消耗量} = \frac{净用量}{1-损耗率}$$

(2) 计算墙面贴花岗岩砂浆用量时,要考虑黏结层的用量和灰缝砂浆的用量,计算公式为

$$\frac{每100m^2 墙面贴}{板材砂浆净用量} = 100m^2 \times \frac{黏结层}{砂浆厚} + (100m^2 - 块料净用量 \times 块料面积)\times 块料厚$$

【答案】

问题 1

$$\frac{每100m^2 墙面贴花}{岗岩板材净用量} = \frac{100m^2}{[(0.50+0.001)\times(0.50+0.001)]块/m^2} = 398.40 块$$

$$\frac{每100m^2 墙面贴花}{岗岩板材消耗量} = \frac{398.40 块}{1-2\%} = 406.53 块$$

问题 2

$$\frac{每100m^2 墙面贴花岗}{岩板材砂浆净用量} = 100m^2 \times 0.005m + [100m^2 - 398.40 块 \times (0.5 \times 0.5) m^2/块] \times 0.012m = 0.505 m^3$$

$$\text{每 } 100\text{m}^2 \text{ 墙面贴花岗} \atop \text{岩板材砂浆消耗量} = \frac{0.505\text{m}^3}{1-1\%} = 0.510\text{m}^3$$

【背景】

屋面油毡卷材防水,卷材规格 0.915m×21.86m≈20m²,铺卷材时,长边搭接 160mm,短边搭接 110mm,损耗率 1%。

【问题】

计算屋面每 100m² 防水油毡卷材的消耗量。

【分析要点】

屋面铺防水油毡卷材,卷材间的搭接长度应该按规范规定尺寸计算消耗量,其计算公式为

$$\text{每 } 100\text{m}^2 \text{ 卷材} \atop \text{净用量} = \frac{\text{每卷面积} \times 100\text{m}^2}{(\text{卷材宽} - \text{长边搭接}) \times (\text{卷材长} - \text{短边搭接})}$$

$$\text{卷材消耗量} = \frac{\text{卷材净用量}}{1 - \text{损耗率}}$$

【答案】

$$\text{每 } 100\text{m}^2 \text{ 卷材} \atop \text{净用量} = \frac{20\text{m}^2 \times 100\text{m}^2}{(0.915 - 0.16)\text{m} \times (21.86 - 0.11)\text{m}}$$

$$= 121.80\text{m}^2$$

$$\text{每 } 100\text{m}^2 \text{ 卷材} \atop \text{消耗量} = \frac{121.80\text{m}^2}{1 - 1\%} = 123.03\text{m}^2$$

【背景】

甲、乙、丙三项工程,楼地面铺地砖的现场统计和测定资料如下:

(1) 地面砖装饰面积及房间数量见表 3-1。

表 3-1 甲、乙、丙三项工程地面砖装饰面积及房间数量

工程名称	地面砖装饰面积/m²	装饰房间数量	本工程占建筑装饰工程百分比(%)
甲	850	42 间	41
乙	764	50 间	53
丙	1650	5 间	6

(2) 地面砖及砂浆用量。根据现场取得测定资料,地面砖尺寸为 500mm×500mm×8mm,损耗率 2%;水泥砂浆黏结层厚 10mm,灰缝宽 1mm,砂浆损耗率均为 1.5%。

(3) 按甲、乙、丙工程施工图计算出应另外增加或减少的铺地面砖面积,见表 3-2。

表 3-2　另外增加或减少的铺地面砖面积

名　称　工　程	门洞开口处增加面积/m²	附墙柱、独立柱减少面积/m²	房　间　数	本工程占建筑装饰工程百分比(%)
甲	10.81	2.66	42	41
乙	14.23	4.01	50	53
丙	2.61	3.34	5	6

(4) 按现场观察资料确定的时间消耗量见表 3-3。

表 3-3　时间消耗量

基　本　用　工	数　　　量	辅　助　用　工	数　　　量
铺设地面砖用工	1.215 工日/10m²	筛砂子用工	0.208 工日/m³
调制砂浆用工	0.361 工日/m³		
运输砂浆用工	0.213 工日/m³		
运输地砖用工	0.156 工日/10m²		

(5) 施工机械台班量确定方法见表 3-4。

表 3-4　施工机械台班量确定方法

机　械　名　称	台班量确定
砂浆搅拌机	按小组配置，根据小组产量确定台班量
石料切割机	每小组 2 台，按小组配置，根据小组产量确定台班量

注：铺地砖工人小组按 12 人配置。

【问题】

1. 叙述楼地面工程地砖项目企业定额的编制步骤。
2. 计算楼地面工程地砖项目的材料消耗量。
3. 计算楼地面工程地砖项目的人工消耗量。
4. 计算楼地面工程地砖项目的机械台班消耗量。

【分析要点】

本案例要求掌握编制企业定额的具体方法。首先要了解企业定额由劳动定额、材料消耗定额、机械台班定额构成；要了解定额的水平应该是平均先进水平。其次要知道，编制企业定额的各个项目是根据典型工程的工程量计算确定其加权平均材料消耗量。如铺地砖的加权平均单间面积的计算公式为

$$加权平均单间面积 = \frac{甲工程面积}{甲工程间数} \times 占装饰工程百分比 + \frac{乙工程面积}{乙工程间数} \times 占装饰工程百分比 + \cdots\cdots$$

然后要掌握每 100m² 面积的块料用量和砂浆用量的计算公式

$$铺 100m^2 地砖的块料用量 = \frac{100m^2}{(地砖长 + 灰缝宽) \times (地砖宽 + 灰缝宽)} / (1 - 损耗率)$$

$$铺 100m^2 地砖结合层砂浆用量 = \frac{100m^2 \times 结合层厚}{1 - 损耗率}$$

铺 100m^2 地砖灰缝砂浆用量 $= \dfrac{(100\text{m}^2 - \text{地砖净用量} \times \text{单块地砖面积}) \times \text{灰缝深}}{1 - \text{损耗率}}$

在计算该项目的机械台班消耗量时,应根据小组总产量确定,其计算公式为

$$\text{每 } 100\text{m}^2 \text{ 地砖机械台班消耗量} = \dfrac{1}{\text{小组总产量}} \times 100\text{m}^2$$

【答案】

问题1

编制楼地面工程地砖项目企业定额的主要步骤是:

(1) 确定计量单位为 m^2,扩大计量单位为 100m^2。

(2) 选择有代表性的楼地面工程地砖项目的典型工程,并采用加权平均的方法计算单间装饰面积。

(3) 确定材料规格、品种和损耗率。

(4) 根据现场测定资料计算材料、人工、机械台班消耗量。

(5) 拟定楼地面工程地砖项目的企业定额。

问题2

(1) 计算加权平均单间面积

$$\text{加权平均单间面积} = \dfrac{850\text{m}^2}{42} \times 41\% + \dfrac{764\text{m}^2}{50} \times 53\% + \dfrac{1650\text{m}^2}{5} \times 6\%$$
$$= 36.2\text{m}^2$$

(2) 计算地砖、砂浆消耗量

$$\text{每 } 100\text{m}^2 \text{ 地砖的块料用量} = \dfrac{100\text{m}^2}{[(0.50+0.001) \times (0.50+0.001)]\text{m}^2/\text{块}} / (1-2\%)$$
$$= 398.41 \text{ 块}/98\%$$
$$= 406.54 \text{ 块}$$

$$\text{每 } 100\text{m}^2 \text{ 地砖结合层砂浆消耗量} = \dfrac{100\text{m}^2 \times 0.01\text{m}}{1-1.5\%}$$
$$= 1.015\text{m}^3$$

$$\text{每 } 100\text{m}^2 \text{ 地砖灰缝砂浆消耗量} = \dfrac{(100 - 0.5 \times 0.5 \times 398.41)\text{m}^2 \times 0.008\text{m}}{1-1.5\%}$$
$$= 0.003\text{m}^3$$

每 100m^2 地砖砂浆消耗量小计:$(1.015+0.003)\text{m}^3 = 1.018\text{m}^3$

(3) 调整地砖和砂浆用量

企业定额的工程量计算规则规定,地砖楼地面工程量按地面净长乘以净宽计算,不扣除附墙柱、独立柱及 0.3m^2 以内孔洞所占面积,但门洞开口处面积也不增加。根据上述规定,在制订企业定额时应调整地砖和砂浆用量。

$$\text{每 } 100\text{m}^2 \text{ 地砖块料用量} = \dfrac{\text{典型工程加权平均单间面积} + \text{调整面积}}{\text{典型工程加权平均单间面积}} \times \text{每 } 100\text{m}^2 \text{ 地砖用量}$$

$$= \dfrac{36.20 + \left(\dfrac{10.81-2.66}{42} \times 41\% + \dfrac{14.23-4.01}{50} \times 53\% + \dfrac{2.61-3.34}{5} \times 6\%\right)}{36.20} \times 406.54 \text{ 块}$$

$$= \frac{36.20 + (0.080 + 0.108 - 0.009)}{36.20} \times 406.54 \text{ 块}$$

$$= 1.0049 \times 406.54 \text{ 块}$$

$$= 408.55 \text{ 块}$$

每100m² 地砖砂浆用量 = $\frac{\text{典型工程加权平均单间面积} + \text{调整面积}}{\text{典型工程加权平均单间面积}} \times$ 每100m² 砂浆用量

$$= 1.0049 \times 1.018 \text{m}^3$$

$$= 1.023 \text{m}^3$$

问题3

(1) 计算基本用工

铺地砖用工 = 1.215 工日/10m² = 12.15 工日/100m²

调制砂浆用工 = 0.361 工日/m³ × 1.023m³/100m² = 0.369 工日/100m²

运输砂浆用工 = 0.213 工日/m³ × 1.023m³/100m² = 0.218 工日/100m²

运输地砖用工 = 0.156 工日/10m² = 1.56 工日/100m²

基本用工量小计：(12.15 + 0.369 + 0.218 + 1.56) = 14.297 工日/100m²

(2) 计算辅助用工

筛砂子用工 = 0.208 工日/m³ × 1.023m³/100m² = 0.213 工日/100m²

用工量小计：(14.297 + 0.213) 工日/100m² = 14.510 工日/100m²

问题4

铺地砖的产量定额 = $\frac{1}{\text{时间定额}} = \frac{1}{14.510 \text{ 工日}/100\text{m}^2}$

$$= 6.89 \text{m}^2/\text{工日}$$

每100m² 地砖砂浆搅拌机台班量 = $\frac{1}{\text{小组总产量}} \times 100\text{m}^2$

$$= \frac{1}{(6.89 \times 12) \text{m}^2/\text{台班}} \times 100\text{m}^2$$

$$= 1.209 \text{ 台班}$$

每100m² 地砖面料切割机台班量 = 1.209 台班 × 2 = 2.418 台班

案例七

【背景】

采用机动翻斗车运输砂浆，运输距离200m，平均行驶速度10km/h，候装砂浆时间平均每次5min，每次装载砂浆0.60m³，台班时间利用系数按0.9计算。

【问题】

1. 计算机动翻斗车运砂浆的每次循环延续时间。
2. 计算机动翻斗车运砂浆的台班产量和时间定额。

【分析要点】

机动翻斗车运砂浆是循环工作的，每循环一次的延续时间由砂浆候装时间和运行时间构

成,在计算运行时间时,要注意计算返回时间,其计算公式为

$$每次循环延续时间 = 候装时间 + 运行时间$$
$$= 候装时间 + \frac{2 \times 运输距离}{平均行驶速度}$$

机动翻斗车运输砂浆的产量定额计算,首先要计算净工作1h生产率,其次要确定台班时间利用系数,最后才能算出台班产量。其计算公式为

$$净工作1h生产率 = \frac{60\min}{每次循环延续时间} \times 每次装载量$$

$$台班产量 = 净工作1h生产率 \times 8h \times 台班时间利用系数$$

【答案】

问题1

$$机动翻斗车每次循环延续时间 = \left(5 + \frac{2 \times 200}{10 \times 1000 \div 60}\right)\min = 7.4\min$$

问题2

$$机动翻斗车净工作1h生产率 = \frac{60\min}{7.4\min} \times 0.60m^3 = 4.86m^3$$

$$机动翻斗车台班产量 = 4.86m^3/h \times 8h \times 0.9 = 34.99m^3$$

$$时间定额 = \frac{1}{34.99m^3/工日} = 0.029\ 工日/m^3$$

案例八

【背景】

(1) 建筑装饰工程预算定额中的花岗岩楼地面子目见表3-5。

表3-5 花岗岩楼地面预算定额

定额编号		单位	11-25
项目			花岗岩楼地面/100m²
人工	综合用工	工日	20.57
材料	花岗岩板	m²	102.00
	1:2水泥砂浆	m³	2.20
	白水泥	kg	10.00
	素水泥浆	m³	0.10
	棉纱头	kg	1.00
	锯木屑	m³	0.60
	石料切割锯片	片	0.42
	水	m³	2.60
机械	200L砂浆搅拌机	台班	0.37
	2t内塔式起重机	台班	0.74
	石料切割机	台班	1.60

(2) 某地区人工、材料、机械台班单价如下。

人工：25 元/工日

花岗岩板材：250 元/m²

1∶2 水泥砂浆：230.02 元/m³

白水泥：0.50 元/kg

素水泥浆：461.70 元/m³

棉纱头：5.0 元/kg

锯木屑：8.50 元/m³

石料切割锯片：70.00 元/片

水：0.60 元/m³

200L 砂浆搅拌机：15.92 元/台班

2t 内塔式起重机：170.61 元/台班

石料切割机：18.41 元/台班

【问题】

1. 什么是单位估价表？它与预算定额有什么区别？

2. 单位估价表根据什么编制？

3. 根据上述背景资料，编制花岗岩楼地面定额子目的单位估价表。

【分析要点】

完成本案例要求的内容，首先要知道单位估价表的作用，其次要弄清楚单位估价表的编制依据，最后要掌握编制单位估价表的方法。

单位估价表根据预算定额和地区人工、材料、机械台班单价编制，最终目的是计算出项目的定额基价。其计算公式为

$$定额基价 = 人工费 + 材料费 + 机械使用费$$

式中 人工费 = Σ(定额分项工日数 × 工日单价)；

材料费 = Σ(定额分项材料量 × 材料单价)；

机械使用费 = Σ(定额分项机械台班量 × 台班单价)。

单位估价表的编制步骤如下：

(1) 确定编制单位估价表的定额项目。

(2) 收集本地区人工、材料、机械台班单价。

(3) 根据预算定额项目中的定额人工数量乘以人工单价计算出人工费，填入单位估价表中的人工费一栏。

(4) 根据预算定额项目中的定额材料用量分别乘以材料单价，汇总后填入单位估价表中的材料费一栏。

(5) 根据预算定额项目中的定额机械台班用量分别乘以台班单价，汇总后填入单位估价表中的机械费一栏。

(6) 将人工费、材料费、机械台班费汇总后填入单位估价表的基价栏。

【答案】

问题 1

单位估价表是根据预算定额项目中的人工、材料、机械台班消耗量，分别乘以地区人工

单价、材料单价、机械台班单价汇总成定额基价,供采用单位估价法编制施工图预算用的估价表。它与预算定额相比,既包括了人工、材料、机械台班消耗量,又包括了对应的地区单价,主要区别是其含有定额基价,而预算定额不反映货币量。

问题 2

单位估价表的编制依据主要有两个方面:一是预算定额项目中的人工消耗量、各种材料消耗量和机械台班使用量;二是地区人工单价、材料单价和机械台班单价。

问题 3

根据背景资料,花岗岩楼地面定额子目的单位估价表计算过程见表3-6中计算式。

表3-6 预算定额项目基价(单位估价)计算表

定额编号			11-25	计算式
项目	单位	单价/元	花岗岩楼地面/100m²	
基价	元	—	26774.12	基价=(514.25+26098.27+161.60)元 =26774.12 元
其中 人工费	元		514.25	
材料费	元		26098.27	
机械费	元		161.60	
综合用工	工日	25.00	20.57	人工费=(20.57×25)元=514.25 元
材料 花岗岩板	m²	250.00	102.00	材料费: (102.00×250.00)元=25500 元
1:2 水泥砂浆	m³	230.02	2.20	(2.20×230.02)元=506.04 元
白水泥	kg	0.50	10.00	(10.00×0.50)元=5.00 元
素水泥浆	m³	461.70	0.10	(0.10×461.70)元=46.17 元
棉纱头	kg	5.00	1.00	(1.00×5.00)元=5.00 元
锯木屑	m³	8.50	0.60	(0.60×8.50)元=5.10 元
石料切割锯片	片	70.00	0.42	(0.42×70.00)元=29.40 元
水	m³	0.60	2.60	(2.60×0.60)元=1.56 元 材料费合计=26098.27 元
机械 200L 砂浆搅拌机	台班	15.92	0.37	机械费: (0.37×15.92)元=5.89 元
2t 内塔式起重机	台班	170.61	0.74	(0.74×170.61)元=126.25 元
石料切割机	台班	18.41	1.60	(1.60×18.41)元=29.46 元 机械费合计=161.60 元

案例九

【背景】

某施工企业年均工日单价为24.25元,全年有效施工天数为250d,建安工人占全员人数的85%,人工费占直接费的11.5%,该企业全员人均年开支企业管理费为2060元。

【问题】

1. 求以直接费为基础的企业管理费费率。

2. 求以人工费为基础的企业管理费费率。

【分析要点】

间接费定额是指与建筑安装产品生产无直接关系,而为整个企业维持正常经营活动所发生的各项费用开支的标准。

间接费定额一般以取费基础和费率来表示,取费基础一般以人工费或直接费为基础。

(1) 以直接费为计算基础,其计算公式为

$$\text{企业管理费费率} = \frac{\text{建安生产工人每人每年平均管理费开支}}{\text{全年有效施工天数} \times \text{平均工日单价}} \times \text{人工费占直接费中的百分比}$$

(2) 以人工费为计算基础,其计算公式为

$$\text{企业管理费费率} = \frac{\text{建安生产工人每人每年平均管理费开支}}{\text{全年有效施工天数} \times \text{平均工日单价}} \times 100\%$$

【答案】

问题1

$$\text{以直接费为基础的企业管理费费率} = \frac{2060 \div 85\%}{250 \times 24.25} \times 11.5\%$$
$$= 4.60\%$$

问题2

$$\text{以人工费为基础的企业管理费费率} = \frac{2060 \div 85\%}{250 \times 24.25} \times 100\% = 40\%$$

【背景】

(1) 某地区建筑工程预算定额(单位估价表)(摘录)见表3-7。

表3-7 建筑工程预算定额(单位估价表)(摘录)

工程内容:略

定额编号			定-5	定-6
定额单位			100m²	100m²
项目	单位	单价/元	C15混凝土地面面层(60mm厚)	1:2.5水泥砂浆抹砖墙面(底层13mm厚、面层7mm厚)
基价		元	1191.28	888.44
其中	人工费	元	332.50	385.00
	材料费	元	833.51	451.21
	机械费	元	25.27	52.23
人工	基本工	d	25.00	9.20	13.40
	其他工	d	25.00	4.10	2.00
	合计	d	25.00	13.30	15.40

第三章 建设工程定额

(续)

定额编号			定-5	定-6
定额单位			100m²	100m²
项目		单位	单价/元	C15 混凝土地面面层(60mm 厚)	1:2.5 水泥砂浆抹砖墙面(底层 13mm 厚、面层 7mm 厚)
材料	C15 混凝土(砾石粒径 0.5~4mm)	m³	136.02	6.06	
	1:2.5 水泥砂浆	m³	210.72		2.10 (底层:1.39 面层:0.71)
	其他材料费	元			4.50
	水	m³	0.60	15.38	6.99
机械	200L 砂浆搅拌机	台班	15.92		0.28
	400L 混凝土搅拌机	台班	81.52	0.31	
	塔式起重机	台班	170.61		0.28

(2) 某地区塑性混凝土配合比表(摘录)见表 3-8。

表 3-8 塑性混凝土配合比表(摘录)　　　　　　　(单位:m³)

定额编号				附-9	附-10	附-11	附-12	附-13	附-14
项目		单位	单价/元	粗集料最大粒径 40mm					
				C15	C20	C25	C30	C35	C40
基价		元		136.02	146.98	162.63	172.41	181.48	199.18
材料	32.5 级水泥	kg	0.30	274	313				
	42.5 级水泥	kg	0.35			313	343	370	
	52.5 级水泥	kg	0.40						368
	中砂	m³	38.00	0.49	0.46	0.46	0.42	0.41	0.41
	粒径 0.5~4mm 砾石	m³	40.00	0.88	0.89	0.89	0.91	0.91	0.91

【问题】

1. 某工程设计要求室内混凝土地面面层 80mm 厚,采用 C20 混凝土,根据背景资料计算符合要求的定额基价和材料用量。

2. 叙述楼地面混凝土定额基价换算的特点及总的换算思路。

【分析要点】

本案例的要点是预算定额应用中楼地面混凝土定额基价的换算。该类型定额基价的换算的判断方法如下:

(1) 定额单位是平方米时,要判断混凝土厚度有无变化,若有变化,就要换算人工、机械费,人工、机械费换算系数按下式确定:

$$人工、机械费换算系数 = \frac{设计厚度}{定额厚度}$$

（2）判断是否要换算混凝土配合比，若要换算就要找到对应的混凝土配合比定额。

（3）厚度变化后，还应判断混凝土中的石子粒径，如果设计要求的厚度比定额中的厚度薄了，还应确定适合的石子粒径，从而确定合适的混凝土配合比定额。

（4）换入混凝土用量计算公式如下：

$$换入混凝土用量 = \frac{设计厚度}{定额厚度} \times 定额混凝土用量$$

（5）楼地面混凝土定额基价的换算公式为

$$换算后定额基价 = 原定额基价 + (定额人工费 + 定额机械费) \times (人工、机械费换算系数 - 1) + 换入混凝土用量 \times 换入混凝土单价 - 原定额混凝土用量 \times 定额混凝土单价$$

楼地面混凝土定额换算后的材料用量计算公式为

$$换算后的定额材料用量 = 换算后的混凝土用量 \times 对应配合比各种用量$$

【答案】

问题1

换算定额号为"定-5"，换算用混凝土配合比定额为"附-9"、"附-10"。

（1）石子粒径确定：由于设计厚度大于定额厚度，所以石子粒径不变。

（2）换入混凝土用量为

$$换入混凝土用量 = \frac{80}{60} \times 6.06 m^3 = 8.08 m^3$$

（3）人工、机械费换算系数为

$$人工、机械费换算系数 = \frac{80}{60} = 1.333$$

（4）换算定额基价。

$$换算后定额基价 = [1191.28 + (332.50 + 25.27) \times (1.333 - 1) + 8.08 \times 146.98 - 6.06 \times 136.02] 元/100 m^2$$

$$= 1673.73 \ 元/100 m^2$$

（5）材料用量分析。

32.5级水泥：$(8.08 \times 313) kg/100 m^2 = 2529.04 kg/100 m^2$

中砂：$(8.08 \times 0.46) m^3/100 m^2 = 3.717 m^3/100 m^2$

粒径0.5~4mm砾石 $(8.08 \times 0.89) m^3/100 m^2 = 7.19 m^3/100 m^2$

问题2

楼地面混凝土定额基价换算的特点是：定额以$100 m^2$为单位，当设计厚度与定额规定厚度不同时，就要换算混凝土用量，由于混凝土用量的变化进而引起人工、机械费的调整。总的换算思路是：以原定额基价为基价，根据厚度变化调整人工、机械费和混凝土用量，换入新的混凝土用量及材料费，换出原定额混凝土用量及材料费。

案例十一

【背景】

(1) 某地区建筑工程单位估价表摘录见表3-7。

(2) 某地区建筑工程单位估价表采用的抹灰砂浆配合比表(摘录)见表3-9。

表 3-9 抹灰砂浆配合比表(摘录) (单位:m³)

定额编号			附-5	附-6	附-7	附-8
项目	单位	单价/元	水泥砂浆			
			1:1.5	1:2	1:2.5	1:3
基价	元		254.4	230.02	210.72	182.82
材料	32.5级水泥	kg	0.30	734.0	635.0	558.0	465.0
	中砂	m³	38.00	0.90	1.04	1.14	1.14

【问题】

1. 某工程施工图设计要求1:2水泥砂浆砖墙面抹灰,底层14mm厚,面层8mm厚,根据上述背景资料进行定额基价换算。

2. 叙述抹灰砂浆换算的特点。

【分析要点】

本案例为抹灰砂浆定额基价的换算,由于抹灰厚度发生了变化,定额的砂浆用量也就改变了,砂浆用量的改变,引起了定额人工费、机械费和材料费的变化。

$$\text{人工、机械费换算系数} = \frac{\text{设计抹灰厚度}}{\text{定额抹灰厚度}}$$

$$\text{设计厚度砂浆用量} = \text{定额砂浆用量} \times \frac{\text{设计厚度}}{\text{定额厚度}}$$

$$\text{换算后定额基价} = \text{原定额基价} + \left(\text{定额人工费} + \text{定额机械费}\right) \times \left(\text{人工、机械费换算系数} - 1\right) + \text{换入砂浆用量} \times \text{换入砂浆单价} - \text{原定额砂浆用量} \times \text{定额砂浆单价}$$

【答案】

问题1

(1) 将1:2.5水泥砂浆换成1:2水泥砂浆。

(2) 人工、机械费换算系数 = 22/20 = 1.10

(3) 换入砂浆用量 = 2.10m³ × 22/20 = 2.31m³

(4) 计算换算后定额基价,根据"定-6"、"附-6"、"附-7"换算。

换算后定额基价 = [888.44 + (385.00 + 52.23) × (1.10 - 1) + 2.31 × 230.02 − 2.10 × 210.72]元/100m²

$$= 1021.00 \text{ 元}/100\text{m}^2$$

(5) 换算后材料用量

$$32.5 \text{ 级水泥：}(2.31 \times 635)\text{kg}/100\text{m}^2 = 1466.85\text{kg}/100\text{m}^2$$

$$\text{中砂：}(2.31 \times 1.04)\text{m}^3/100\text{m}^2 = 2.402\text{m}^3/100\text{m}^2$$

问题 2

抹灰砂浆换算由于抹灰厚度发生变化，所以引起抹灰砂浆用量的变化和人工、机械费的变化。其特点是人工、机械费和砂浆用量按比例调整。

练 习 题

练习题一

【背景】

采用技术测定法的测时法取得人工手推双轮车 80m 运距运输标准砖的数据如下：

（1）双轮车装载量为 100 块/次。

（2）工作日作业时间为 410min。

（3）每车装卸时间为 9min。

（4）往返一次运输时间为 3.90min。

（5）工作日准备与结束工作时间占工作日作业时间的 5%。

（6）工作日休息时间占工作日作业时间的 7%。

（7）工作日不可避免中断时间占工作日作业时间的 2.5%。

【问题】

1. 计算每日单车运输次数。

2. 计算每运 1000 块标准砖的作业时间。

3. 确定每运 1000 块标准砖的时间定额。

练习题二

【背景】

某工程砖墙，采用灰砂标准砖砌筑，墙厚 240mm，标准砖尺寸 240mm × 115mm × 53mm，损耗率 1.2%；砖墙的砂浆灰缝宽为 10mm，砂浆损耗率为 1.5%。

【问题】

1. 计算 1m^3 灰砂标准砖墙的标准砖净用量和消耗量。

2. 计算 1m^3 灰砂标准砖墙的砂浆净用量和消耗量。

练习题三

【背景】

根据选定的现浇混凝土矩形柱施工图计算出每 10m^3 矩形柱模板接触面积为 63.22m^2，

经计算每 $10m^2$ 模板接触面积需模板 $1.85m^3$，制作损耗率为 5%，周转次数为 5 次，补损率 15%，模板折旧率 50%。

【问题】

1. 计算每 $10m^3$ 现浇混凝土矩形柱的模板一次使用量。
2. 计算每 $10m^3$ 现浇混凝土矩形柱模板的周转使用量。
3. 计算每 $10m^3$ 现浇混凝土矩形柱模板回收量。
4. 计算每 $10m^3$ 现浇混凝土矩形柱模板的摊销量。

练习题四

【背景】

使用 1∶2 水泥砂浆贴 600mm×600mm×12mm 花岗岩板地面，灰缝宽 1mm，水泥砂浆黏结层 5mm 厚，花岗岩板损耗率 2.5%，水泥砂浆损耗率 1.5%。

【问题】

1. 计算每贴 $100m^2$ 地面花岗岩板材的消耗量。
2. 计算每贴 $100m^2$ 地面花岗岩板材的黏结层砂浆和灰缝砂浆消耗量。

练习题五

【背景】

某屋面采用油毡卷材防水层，卷材规格 $0.915m×21.86m≈20m^2$，铺卷材时，长边搭接 180mm，短边搭接 130mm，损耗率 1.2%。

【问题】

计算每铺 $100m^2$ 屋面防水油毡卷材的消耗量。

练习题六

【背景】

有 A、B、C 三个典型工程楼地面铺地砖的现场统计和测定资料如下：

（1）装饰面积及房间数量见表 3-10。

表 3-10 装饰面积及房间数量

典型工程	地面砖装饰面积/m^2	装饰房间数量/间	本工程占建筑装饰工程百分比（%）
A	1800	55	61
B	2764	41	33
C	4600	8	6

（2）地面砖及砂浆用量：根据现场取得的测定资料，地面砖尺寸为 600mm×600mm×10mm，损耗率 2.4%；水泥砂浆黏结层 10mm 厚，灰缝 1mm 宽，砂浆损耗率均为 1.8%。

（3）按 A、B、C 典型工程施工图计算出应另外增加或减少的地面砖面积，见表 3-11。

表 3-11　应另外增加或减少的地面砖面积

典型工程	门洞开口处增加面积/m²	附墙柱、独立柱减少面积/m²	房间数/间	本工程占建筑装饰工程百分比(%)
A	89.1	12.4	55	61
B	64.2	9.1	41	33
C	2.8	5.3	8	6

（4）按现场观察资料确定的时间消耗量数据见表 3-12。

表 3-12　时间消耗量数据

基本用工	数　　量	辅助用工	数　　量
铺设地面砖用工	1.2 工日/10m²	筛砂子用工	0.22 工日/m³
调制砂浆用工	0.35 工日/m³		
运输砂浆用工	0.24 工日/m³		
运输地砖用工	0.14 工日/10m²		

（5）施工机械台班量确定方法见表 3-13。

表 3-13　施工机械台班量确定方法

机　械　名　称	台班量确定
砂浆搅拌机	按小组配置，根据小组产量确定台班量
石料切割机	每小组 2 台，按小组配置，根据小组产量确定台班量

注：铺地砖工人小组按 12 人配置。

【问题】

1. 叙述楼地面项目企业定额的编制步骤。
2. 计算楼地面地砖项目的材料消耗量。
3. 计算楼地面地砖项目的人工消耗量。
4. 计算楼地面地砖项目的机械台班消耗量。

练习题七

【背景】

采用机动翻斗车运输砂浆，运输距离 300m，平均行驶速度 10km/h，候装砂浆时间平均 4min/次，每次装载砂浆 0.55m³，台班时间利用系数按 0.9 计算。

【问题】

1. 计算机动翻斗车运砂浆的每次循环延续时间。
2. 计算机动翻斗车运砂浆的台班产量和时间定额。

练习题八

【背景】

(1) 建筑工程预算定额中砖基础子目见表 3-14。

表 3-14 定额中砖基础子目

定额编号		单位	4-1
项目			砖基础/10m³
人工	综合用工	工日	12.18
材料	标准砖	块	523.6
	M10 水泥砂浆	m³	2.36
	水	m³	1.05
机械	200L 砂浆搅拌机	台班	0.39
	2t 内塔式起重机	台班	0.54

(2) 某地区人工、材料、机械台班单价如下。

人工：30 元/工日

标准砖：0.15 元/块

M10 水泥砂浆：130.23 元/m³

水：0.60 元/m³

200L 砂浆搅拌机：18.98 元/台班

2t 内塔式起重机：190.88 元/台班

【问题】

1. 什么是单位估价表？它与预算定额有什么区别？
2. 单位估价表根据什么编制？
3. 根据上述背景资料，编制砖基础定额子目的单位估价表。

练习题九

【背景】

某施工企业年均工日单价为 27.55 元，全年有效施工天数为 265d，建安工人占全员人数的 88%，人工费占直接费的 11.9%，该企业全员人均年开支企业管理费为 2319 元。

【问题】

1. 求以直接费为基础的企业管理费费率。
2. 求以人工费为基础的企业管理费费率。

练习题十

【背景】

(1) 某工程设计地面为 C25 混凝土 80mm 厚；砖墙表面用 1:1.5 水泥砂浆抹面，底层

15mm 厚,面层 7mm 厚。

（2）选用某地区建筑工程单位估价表。

【问题】

1. 根据背景资料计算符合要求的定额基价和材料用量。
2. 叙述楼地面混凝土和抹灰砂浆定额基价换算的特点。

第四章

工程量清单

 学习目标

通过本章的学习,了解工程量清单的概念,熟悉工程量清单的编制内容,掌握工程量清单的编制方法,会根据施工图和《建设工程工程量清单计价规范》(GB50500—2013)、《房屋建筑与装饰工程工程量计算规范》(GB50854—2013)的要求,计算分部分项工程量和编制招标工程量清单。

第一节 概 述

一、工程量清单

工程量清单是指载明建设工程的分部分项工程项目、措施项目、其他项目的名称和相应数量以及规费、税金项目等内容的明细清单。

工程量清单是招标工程量清单和已标价工程量清单的统称。

招标工程量清单是指招标人依据国家标准、招标文件、设计文件以及施工现场实际情况编制的,随招标文件发布,供投标报价的工程量清单,包括说明和表格。

已标价工程量清单是构成合同文件组成部分的投标文件中已标明价格,经算术性错误修正(如有)且承包人已确认的工程量清单,包括对其的说明和表格。

二、工程量计算规范

工程量计算规范根据每个项目的计算特点并考虑到计价定额的有关规定,设置了每个清单工程量项目的项目名称、项目特征、计量单位、工程量计算规则和工作内容。

三、招标工程量清单的内容

招标工程量清单,主要包括六部分内容。即,分部分项工程量清单、单价措施项目清单、总价措施项目清单、其他项目清单、规费项目清单和税金项目清单。

1. 分部分项工程量清单

2013年住建部共颁布了9个专业的工程量计算规范。包括:房屋建筑与装饰工程(GB 50854—2013),仿古建筑工程(GB 50855—2013),通用安装工程(GB 50856—2013),市政工程(GB 50857—2013),园林绿化工程(GB 50858—2013),矿山工程(GB 50859—2013),构筑物工程(GB 50860—2013),城市轨道交通工程(GB 50861—2013),爆破工程(GB 500862—2013)。一般情况下,一个民用建筑或工业建筑(单项工程),需要使用房屋建筑与装饰工程、通用安装工程等工程量计算规范。

每个分部分项工程量清单项目包括"项目编码、项目名称、项目特征、计量单位、工程量计算规则、工作内容"六大要素。

(1) 项目编码 分部分项工程和措施清单项目的编码共12位。其中前9位由工程量计算规范确定,后3位由清单编制人确定。其中,第1、2位是专业工程编码,第3、4位是分章(分部工程)编码,第5、6位是分节编码,第7、8、9位是分项工程编码,第10、11、12位是工程量清单项目顺序码。例如,工程量清单编码010401001001的含义如下(图4-1):

(2) 项目名称 项目名称栏目内列入了分部分项工程清单项目的简略名称。通过该项目的"项目特征"描述后,项目内容就很完整了,所以,在表述完整的清单项目名称时,就需要使用项目特征的内容来描述。

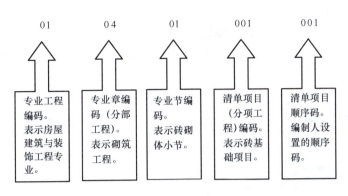

图 4-1　工程量清单项目编码示意图

（3）项目特征　项目特征是构成分部分项工程项目、措施项目自身价值的本质特征。

这里的"价值"可以理解为每个分部分项工程和措施项目都在产品生产中起到不同的、有效的作用，即体现它们的有用性。

（4）计量单位　工程量计算规范规定，分部分项工程清单项目以"t""m""m^2""m^3""kg"等物理单位，以"个""件""根""组""系统"等自然单位为计量单位。

（5）工程量计算规则　工程量计算规则规范了清单工程量的计算方法。例如，内墙砖基础长度，按内墙净长计算的工程量计算规则的规定，就确定了内墙基础长度的计算方法。

（6）工作内容　每个分部分项工程清单项目都有对应的工作内容。通过工作内容我们可以知道该项目需要完成哪些工作任务。

工作内容具有两大功能：一是通过对分部分项工程清单项目工作内容的解读，可以判断施工图中的清单项目是否列全了；二是在编制清单项目的综合单价时，可以根据该项目的工作内容判断需要几个定额项目组合才完整计算了综合单价。

2. 单价措施项目清单

单价措施项目，是指可以根据施工图、工程量计算规则，计算出工程量并且可以编制综合单价的项目。例如，脚手架措施项目，可以计算工程量，也可以套用消耗量定额，最终能通过编制综合单价计算。

3. 总价措施项目清单

总价措施项目，是指只能用规定的费用计算基数和对应的费率计算的措施项目。例如，安全文明施工费等。

4. 其他项目清单

其他项目清单，应根据拟建工程的具体情况确定。一般包括暂列金额、暂估价（包括材料暂估价、专业工程暂估价）、计日工、总承包服务费。暂列金额应根据工程特点，按有关计价规定估算。暂估价中的材料费、工程设备的暂估单价，应根据工程造价信息或参照市场价格估算，列出明细表；专业工程暂估价应分不同专业，按有关计价规定估算，列出明细表。

5. 规费项目清单

规费项目清单，主要包括社会保险费（养老保险费、失业保险费、医疗保险费、工伤保险费、生育保险费）、住房公积金、工程排污费等。还应根据省级政府或省级有关部门的规定列项。

6. 税金项目清单

税金项目清单，包括营业税、城市维护建设税、教育费附加、地方教育附加，以及税务部门规定的其他项目。

四、招标工程量清单格式

1. 招标工程量清单的内容构成

招标工程量清单，包括封面、扉页、总说明、分部分项工程和措施项目计价表（包括分部分项工程和单价措施项目清单与计价表、总价措施项目清单与计价表）、其他项目计价表（包括其他项目清单与计价汇总表、暂列金额明细表、材料暂估单价及调整表、专业工程暂估价及结算价表、计日工表、总承包服务费计价表）、规费、税金项目计价表。

2. 招标工程量清单表格填写要求

1）招标工程量清单由招标人编制和填写。

2）总说明应填写下列内容：

① 工程概况，包括建设规模、工程特征、计划工期、施工现场情况、交通状况、自然地理条件、环境保护要求等。

② 工程分包范围。

③ 工程量清单编制依据。

④ 工程质量、工程材料、施工技术等要求。

⑤ 招标人采购的材料名称、规格、型号和数量。

⑥ 暂列金额和材料暂估价的说明。

⑦ 其他需要说明的问题。

五、招标工程量清单的编制

1. 分部分项工程量清单编制

根据《建设工程工程量清单计价规范》（GB 50500—2013）和《房屋建筑与装饰工程工程量计算规范》（GB 50854—2013）等计量规范及施工图，计算清单工程量，编制出分部分项工程量清单。

2. 单价措施项目清单编制

根据《房屋建筑与装饰工程工程量计算规范》（GB 50854—2013）等计量规范及施工图，计算单价措施项目清单工程量，编制单价措施项目清单。

3. 总价措施项目清单

总价措施项目清单是只能用规定的费用计算基数和对应的费率计算的措施项目清单，如按规定编制的安全文明施工费、二次搬运费等。

4. 其他项目清单

（1）招标人部分　编制招标人确定的暂列金额和材料或工程暂估价清单，作为今后工程变更所需资金的储备。当工程发生了变更且经业主同意后，才能使用暂列金额，没有用完的归业主所有。

（2）承包商部分　如果承包商完成了投标价以外的项目，业主就要根据计日工的单价支付承包商费用。

5. 规费项目清单

规费项目中的"五险一金"等都是规定的计算内容，在工程量清单中列出。

6. 税金项目清单

按规定列出应计算的营业税、城市维护建设税、教育费附加、地方教育附加的项目，供投标人根据本企业工程取费等级确定综合税率。

7. 招标工程量清单编制示意图

招标工程量清单编制示意如图 4-2 所示。

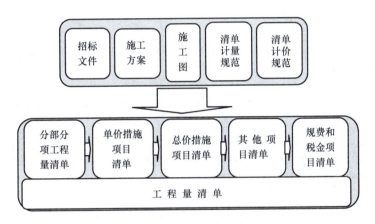

图 4-2　招标工程量清单编制示意图

第二节　案例分析

【背景】

某单位接待室工程施工图设计说明及施工图，如图 4-3，图 4-4 所示。

【问题】

根据《建设工程工程量清单计价规范》（GB 50500—2013）、《房屋建筑与装饰工程工程量计算规范》（GB 50854—2013）和某单位接待室工程施工图设计说明及施工图，编制某单位接待室工程招标工程量清单。

【答案】

根据《建设工程工程量清单计价规范》（GB 50500—2013）、《房屋建筑与装饰工程工程量计算规范》（GB 50854—2013）和某单位接待室工程施工图设计说明及施工图，编制的某单位接待室工程的招标工程量清单。

接待室工程施工图设计说明

1. 结构类型及标高

本工程为砖混结构工程。室内地坪标高 ±0.000m，室外地坪标高 −0.300m。

2. 基础

M5 水泥砂浆砌砖基础，C20 混凝土基础垫层 200mm 厚，位于 −0.060m 处做 20mm 厚 1:2 水泥砂浆防潮层（加质量分数为 6% 的防水粉）。

3. 墙、柱

M5 混合砂浆砌砖墙、砖柱。

4. 地面

基层素土回填夯实，80mm 厚 C15 混凝土地面垫层，铺 400mm×400mm 浅色地砖（10mm 厚），20mm 厚 1:2 水泥砂浆黏结层，20mm 厚 1:2 水泥砂浆贴瓷砖踢脚线，高 150mm。

5. 屋面

预制空心屋面板上铺 30mm 厚 1:3 水泥砂浆找平层，40mm 厚 C20 混凝土刚性屋面，20mm 厚 1:2 水泥砂浆防水层（加质量分数为 6% 的防水粉）。

6. 台阶、散水

C15 混凝土基层，15mm 厚 1:2 水泥白石子浆水磨石台阶。60mm 厚 C15 混凝土散水，沥青砂浆塞伸缩缝。

7. 墙面、天棚

内墙：18mm 厚 1:0.5:2.5 混合砂浆底灰，8mm 厚 1:0.3:3 混合砂浆面灰，满刮腻子 2 遍，刷乳胶漆 2 遍。

天棚：12mm 厚 1:0.5:2.5 混合砂浆底灰，5mm 厚 1:0.3:3 混合砂浆面灰，满刮腻子 2 遍，刷乳胶漆 2 遍。

外墙面、梁柱面水刷石：15mm 厚 1:2.5 水泥砂浆底灰，10mm 厚 1:2 水泥白石子浆面灰。

8. 门、窗

实木装饰门：M-1、M-2 洞口尺寸均为 900mm×2400mm。

塑钢推拉窗：C-1 洞口尺寸 1500mm×1500mm，C-2 洞口尺寸 1100mm×1500mm。

9. 现浇构件

圈梁：C20 混凝土，钢筋 HRB400：φ12，116.80m；HPB300：φ6.5，122.64m。

矩形梁：C20 混凝土，钢筋 HRB400：φ14，18.41kg；HRB400：φ12，9.02kg；HPB300：φ6.5，8.70kg。

图 4-3　某单位接待室工程施工图设计说明

编制内容、步骤如下：

第一步：接待室工程建筑、装饰工程量清单列项

方法：根据《房屋建筑与装饰工程工程量计算规范》（GB 50854—2013）和某单位接待室工程施工图设计说明及施工图，按房屋建筑与装饰工程工程量计算规范顺序列项。见表 4-1。

第四章　工程量清单

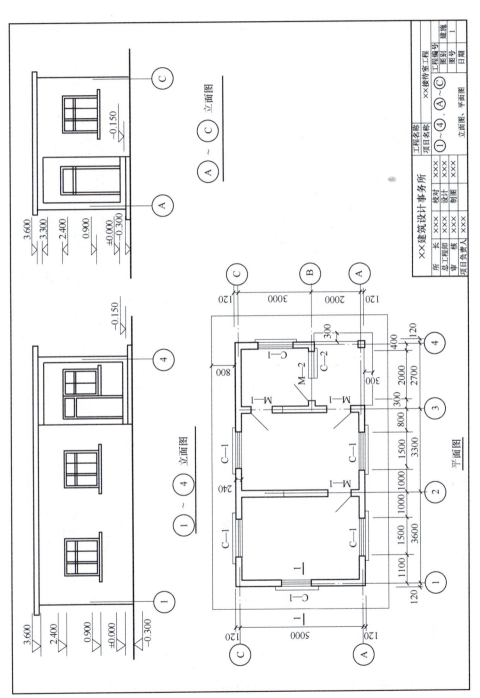

图 4-4　某单位接待室工程施工图

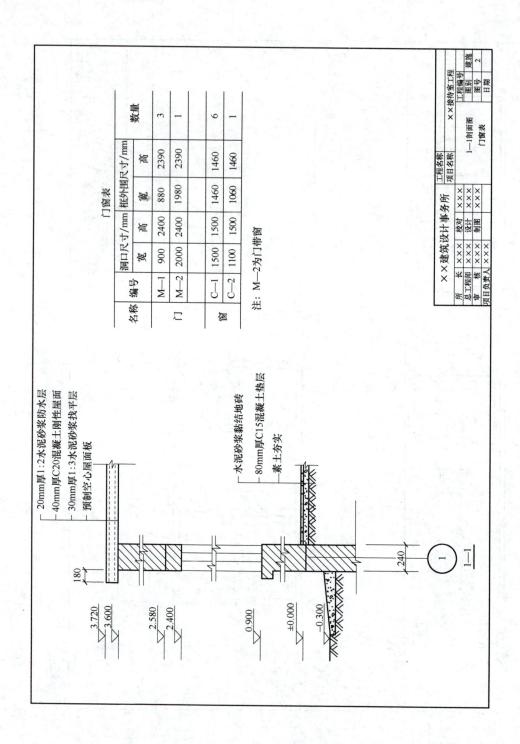

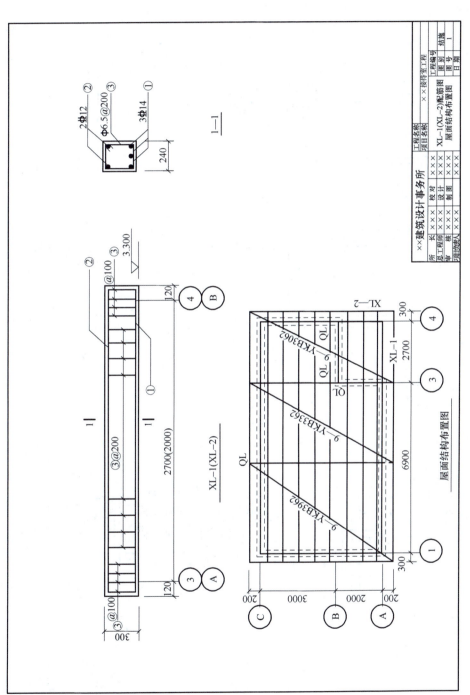

图 4-4 某单位接待室工程施工图（续）

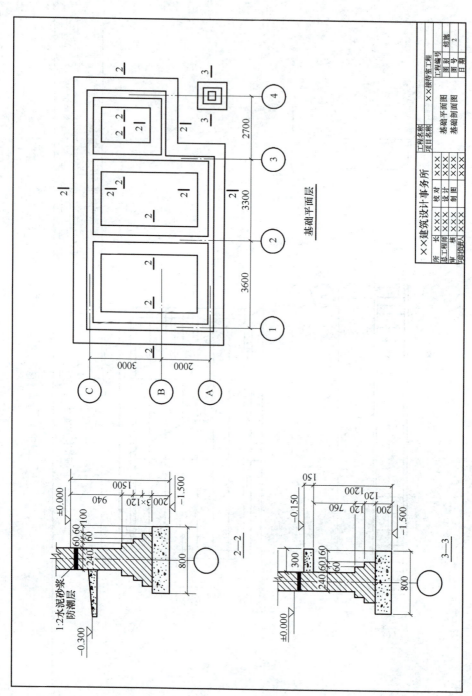

图 4-4 某单位接待室工程施工图（续）

第四章 工程量清单

表4-1 接待室工程工程量清单列项表　　　　第 页 共 页

序号	项目编码	项目名称	计量单位
		A. 土石方工程	
1	010101001001	平整场地	m²
2	010101003001	挖基槽土方（墙基）	m³
3	010101004001	挖基坑土方（柱基）	m³
4	010103001001	基础回填土	m³
5	010103001002	室内回填土	m³
6	010103002001	余土外运	m³
		D. 砌筑工程	
7	010401001001	砖基础	m³
8	010401003001	实心砖墙	m³
9	010401009001	实心砖柱	m³
		E. 混凝土及钢筋混凝土工程	
10	010501001001	基础垫层	m³
11	010501001002	地面垫层	m³
12	010503002001	矩形梁	m³
13	010503004001	圈梁	m³
14	010507001001	散水	m²
15	010507004001	台阶	m²
16	010512002001	空心板	m³
17	010515001001	现浇构件钢筋 HPB300	t
18	010515001002	现浇构件钢筋 HRB400	t
		H. 门窗工程	
19	010801001001	实木装饰门	m²
20	010807001001	塑钢窗	m²
		J. 屋面及防水工程	
21	010902003001	屋面刚性防水	m²
		L. 楼地面装饰工程	
22	011102003001	块料地面面层	m²
23	011101006001	屋面1:3水泥砂浆找平层	m²
24	011101006002	屋面1:2水泥砂浆防水层	m²
25	011105003001	块料踢脚线	m²
26	011107005001	现浇水磨石台阶面	m²
		M. 墙、柱面装饰与隔断、幕墙工程	
27	011201001001	混合砂浆抹内墙面	m²
28	011201002001	外墙面水刷石	m²
29	011202002002	柱面水刷石	m²
30	011202002003	梁面水刷石	m²

(续)

序号	项目编码	项目名称	计量单位
		N. 天棚工程	
31	011301001001	混合砂浆抹天棚	m²
		P. 油漆、涂料、裱糊工程	
32	011406001001	抹灰面刷乳胶漆（墙面、天棚）	m²
		S. 措施项目	
33	011701001001	综合脚手架	m²
34	011702006001	矩形梁模板及支架	m²
35	011702008001	圈梁模板及支架	m²
36	011702016001	屋面刚性防水层模板	m²
37	011702027001	台阶模板	m²
38	011702029001	散水模板	m²
39	011703001001	垂直运输	m²

第二步：进行清单工程量计算

方法：根据列出的工程量清单项目，依据《房屋建筑与装饰工程工程量计算规范》（GB 50854—2013）和接待室工程施工图，进行清单工程量计算。

接待室工程建筑与装饰工程分部分项清单工程量计算表见表 4-2。

第三步：编制接待室工程分部分项工程和单价措施项目清单与计价表。

方法：根据《建设工程工程量清单计价规范》中规定的统一表格（表-08），《房屋建筑与装饰工程工程量计算规范》中的计算规则和本章中表 4-2 的内容，编制接待室工程分部分项工程和单价措施项目清单与计价表。

编制的重点在于，依据《房屋建筑与装饰工程工程量计算规范》进行项目特征的描述。

接待室工程分部分项工程和单价措施项目清单与计价表见表 4-3。

第四步：编制接待室工程总价措施项目清单

方法：根据《建设工程工程量清单计价规范》中规定的统一表格（表-11），编制接待室工程总价措施项目清单。

接待室工程总价措施项目清单见表 4-4。

第五步：编制接待室工程暂列金额明细表

方法：根据《建设工程工程量清单计价规范》中规定的统一表格（表-12-1），编制接待室工程暂列金额明细表。

接待室工程暂列金额明细表见表 4-5。

第六步：编制接待室工程其它项目清单与计价汇总表

方法：根据《建设工程工程量清单计价规范》中规定的统一表格（表-12），编制接待室工程其他项目清单与计价汇总表。

接待室工程其他项目清单与计价汇总表见表 4-6。

第七步：编制接待室工程规费、税金项目计价表

方法：根据《建设工程工程量清单计价规范》中规定的统一表格（表-13），编制接待室工程规费、税金项目计价表。

接待室工程规费、税金项目计价表见表 4-7。

第四章 工程量清单

表4-2 接待室工程分部分项清单工程量计算表

序号	项目编码	项目名称	计量单位	工程量	计 算 式	计 算 规 则
		A. 土石方工程				
1	010101001001	平整场地	m²	48.86	基数计算： $L_{中}=(3.60+3.30+2.70+5.0)\times2=29.20m$ $L_{内}=5.0-0.24+3.0-0.24=7.52m$ 内墙垫层长$=5.0-0.8+3.0-0.8=6.40m$ 底面积$=(3.60+3.30+2.70+0.24)\times(5.0+0.24)$ $=51.56m^2$ $S=51.56-2.70\times2.0\times0.5$ $=51.56-2.70$ $=48.86m^2$	按设计图示尺寸以建筑物首层建筑面积计算。
2	010101003001	挖基槽土方（墙基）	m³	34.18	基础垫层底面积$=(L_{中}+$内墙垫层长$)\times0.8$ $=(29.20+6.4)\times0.8$ $=28.48m^2$ 基槽土方$=28.48\times(1.5-0.3)=34.18m^3$	按设计图示尺寸以基础垫层底面积乘以挖土深度计算。
3	010101004001	挖基坑土方（柱基）	m³	0.77	基础垫层底面积$=0.8\times0.8=0.64m^2$ 基坑土方$=0.64\times(1.5-0.3)=0.77m^3$	按设计图示尺寸以基础垫层底面积乘以挖土深度计算。
4	010103001001	基础回填土	m³	16.75	$V=$序2+序3-序7-序10 $=34.18+0.77-(15.04-36.72\times0.24\times0.30-0.24$ $\times0.24\times0.30)-5.82$ $=16.75m^3$	按挖方清单项目工程量减去自然地坪以下埋设的基础体积。
5	010103001002	室内回填土	m³	8.12	$V=$主墙间净面积$\times$（室内外地坪高差－垫层厚－面层厚） $=[$底面积$-(L_{中}+L_{内})\times0.24]\times(0.30-0.08-0.02$ $-0.01)$ $=[51.56-(29.20+7.52)\times0.24]\times0.19$ $=8.12m^3$	主墙间净面积乘以回填厚度。
6	010103002001	余土外运	m³	10.08	$V=34.18+0.77-16.75-8.12$ $=10.08m^3$	挖土量减去回填量。

73

(续)

序号	项目编码	项目名称	计量单位	工程量	计 算 式	计 算 规 则
		D. 砌筑工程				
7	010401001001	砖基础	m³	15.04	$V_{墙基} = (L_{中} + L_{内}) \times$ (基础墙高×0.24 + 放脚增加面积) = (29.20 + 7.52) × [(1.50 − 0.20) × 0.24 + 0.007875 × 12] =36.72 × (1.30 × 0.24 + 0.0945) =14.93m³ $V_{柱基} = [(0.24 + 0.0625 × 4) × (0.24 + 0.0625 × 4) + (0.24 + 0.0625 × 2) × (0.24 + 0.0625 × 2)] × 0.126 + (1.50 − 0.20 − 0.126 × 2) × 0.24 × 0.24 = 0.11m³$ 小计: 14.93 + 0.11 = 15.04m³	按设计图示尺寸以体积计算。 基础长度: 外墙按外墙中心线, 内墙按内墙净长线计算。 基础与墙(柱)身使用同一种材料时, 以设计室内地面为界, 以下为基础。
8	010401003001	实心砖墙	m³	24.76	$V = [(L_{中} + L_{内}) × 墙高 − [门窗面积] × 墙厚 − 圈梁体积$ = [(29.20 + 7.52) × 3.60 − (6.48 + 2.16 + 1.65 + 13.50)] × 0.24 − 29.20 × 0.24 × 0.18 =108.4 × 0.24 − 1.26 =24.76m³	按设计图示尺寸以体积计算。扣除门窗洞口所占体积, 不扣单个面积≤0.3m²的孔洞所占的体积。凸出墙面的腰线、挑檐、压顶、窗台线、虎头砖、门窗套的体积亦不增加。 1. 墙长度: 外墙按中心线, 内墙按净长计算; 2. 墙高度: 平室顶算至钢筋混凝土板底。(门窗面积参见序19, 序20)
9	010401009001	实心砖柱	m³	0.19	$V = 0.24 × 0.24 × 3.30 = 0.19m³$	按设计图示尺寸以体积计算。扣除混凝土及钢筋混凝土梁垫、梁头、板头所占体积。
		E. 混凝土及钢筋混凝土工程				
10	010501001001	混凝土基础垫层	m³	5.82	$V = (L_{中} + 内墙垫层长) × 0.80 × 0.20 + 0.80 × 0.80 × 0.20$ = (29.20 + 6.40) × 0.80 × 0.20 + 0.80 × 0.80 × 0.20 =5.82m³	按设计图示尺寸以体积计算。
11	010501001002	混凝土地面垫层	m³	3.42	$V = 主墙间净面积 × 垫层厚$ = [51.56 − (29.20 + 7.52) × 0.24] × 0.08 =42.75 × 0.08 =3.42m³	按设计图示尺寸以体积计算。

(续)

序号	项目编码	项目名称	计量单位	工程量	计 算 式	计 算 规 则
12	010503002001	现浇混凝土矩形梁	m³	0.36	$V=$ 梁长 × 梁截面面积 $=(2.70+0.12+2.0+0.12)\times0.24\times0.30$ $=0.36\text{m}^3$	按设计图示尺寸以体积计算。
13	010503004001	现浇混凝土圈梁	m³	1.26	$V=$ 圈梁长 × 圈梁截面面积 $=29.2\times0.24\times0.18$ $=1.26\text{m}^3$	按设计图示尺寸以体积计算。
14	010507001001	现浇混凝土散水	m²	25.19	$S=(L_{中}+4\times0.24+4\times$散水宽$)\times$散水宽 − 台阶面积 $=(29.20+0.96+4\times0.80)\times0.80-(2.70+0.30+2.0)\times0.30$ $=33.36\times0.80-1.50$ $=25.19\text{m}^2$	按设计图示尺寸以面积计算。不扣除单个≤0.3m²的孔洞所占面积。
15	010507004001	现浇混凝土台阶	m²	2.82	$S=(2.70+2.0)\times0.30\times2$ $=2.82\text{m}^2$	按设计图示尺寸以 m² 计算。
16	010512002001	预制混凝土空心板	m³	3.86	YKB3962 $0.164\times9=1.476\text{m}^3$ YKB3362 $0.139\times9=1.251\text{m}^3$ YKB3062 $0.126\times9=1.134\text{m}^3$ 小计: 3.86m³	以立方米计量,按设计图示尺寸以体积计算。扣除空心板空洞体积。(预制空心板工程量,可查标准图集)
17	010515001001	现浇构件钢筋 HPB300	t	0.041	$122.64\times0.26+8.70$ $=40.6\text{kg}=0.041\text{t}$	按设计图示钢筋长度乘单位理论质量计算。
18	010515001002	现浇构件钢筋 HRB400	t	0.131	$116.80\times0.888+18.41+9.02$ $=131.1\text{kg}=0.131\text{t}$	按设计图示钢筋长度乘单位理论质量计算。
		H. 门窗工程				
19	010801001001	实木装饰门	m²	8.64	M1 $S=0.90\times2.40\times3$ 樘 $=6.48\text{m}^2$ M2 $S=0.90\times2.40\times1$ 樘 $=2.16\text{m}^2$ 小计: $6.48+2.16=8.64\text{m}^2$	以平方米计量,按设计图示洞口尺寸以面积计算。

75

(续)

序号	项目编码	项目名称	计量单位	工程量	计 算 式	计 算 规 则
20	010807001001	塑钢窗	m²	15.15	C1 $S = 1.50 \times 1.50 \times 6$ 樘 $= 13.50\text{m}^2$ C2 $S = 1.50 \times 1.10 \times 1$ 樘 $= 1.65\text{m}^2$ 小计: $13.50 + 1.65 = 15.15\text{m}^2$	以平方米计量,按设计图示洞口尺寸以面积计算。
		J. 屋面及防水工程				
21	010902003001	屋面刚性防水	m²	55.08	$S = $ 平屋面面积 $= (9.60 + 0.30 \times 2) \times (5.0 + 0.20 \times 2)$ $= 10.20 \times 5.40$ $= 55.08\text{m}^2$	按设计图示尺寸以面积计算。
		L. 楼地面装饰工程				
22	011102003001	块料地面面层	m²	42.29	$S = $ 底面积 $-$ 墙的结构面积 $+$ 门洞开口部分面积 $-$ 台阶所占面积 $= 51.56 - (29.20 + 7.52) \times 0.24 + 4 \times 0.9 \times 0.24 - (2.7 + 2.0 - 0.30) \times 0.30$ $= 42.29\text{m}^2$	按设计图示尺寸以面积计算。门洞、空圈、暖气包槽、壁龛的开口部分并入相应的工程量内。
23	011101006001	屋面 1:3 水泥砂浆找平层	m²	55.08	同序21 $S = (9.60 + 0.30 \times 2) \times (5.0 + 0.20 \times 2)$ $= 10.20 \times 5.40$ $= 55.08\text{m}^2$	按设计图示尺寸以面积计算。
24	011101006002	屋面 1:2 水泥砂浆防水层	m²	55.08	计算式同上	按设计图示尺寸以面积计算。
25	011105003001	块料踢脚线	m²	6.29	$S = $ 踢脚线长 $\times$ 踢脚线高 $= [(3.60 - 0.24 + 5.0 - 0.24) \times 2 + (3.30 - 0.24 + 5.0 - 0.24) \times 2 + (2.70 - 0.24 + 3.0 - 0.24) \times 2 + (2.70 + 2.00)(\text{檐廊处}) - (0.9 \times 4 \times 2)(\text{注:门洞}) + 4 \times (0.24 - 0.10) \times 2(\text{注:门洞口侧面}) + 0.24 \times 4] \times 0.15$ $= 41.90 \times 0.15$ $= 6.29\text{m}^2$	按设计图示长度乘高度以面积计算。

（续）

序号	项目编码	项目名称	计量单位	工程量	计 算 式	计 算 规 则
26	011107005001	现浇水磨石台阶面	m²	2.82	$S = (2.70 + 2.0) \times 0.30 \times 2$ $= 2.82 \text{m}^2$	按设计图示尺寸以台阶（包括最上层踏步边沿加300mm）水平投影面积计算。
		M. 墙、柱面装饰与隔断、幕墙工程				
27	011201001001	混合砂浆抹内墙面	m²	135.19	$S = $ 墙净长 × 净高 − 门窗洞口面积 $= [(3.60 − 0.24 + 5.0 − 0.24) \times 2 + (3.30 − 0.24 + 5.0 − 0.24) \times 2 + (2.70 − 0.24 + 3.0 − 0.24) \times 2 +$ 檐廊 $(2.70 + 2.00)$（注：檐廊处）$] \times 3.60 − (6.48 \times 2 + 2.16 \times 2 + 1.65 \times 2 + 13.50)$ $= (16.24 + 15.64 + 10.44 + 4.70) \times 3.60 − 34.08$ $= 169.27 − 34.08$ $= 135.19 \text{m}^2$	按设计图示尺寸以面积计算。扣除墙裙、门窗洞口及单个 > 0.3m² 的孔洞面积，不扣除踢脚线、挂镜线的面积，附墙柱、梁、垛、烟囱侧壁并入相应的墙面面积内。 内墙抹灰面积按主墙间的净长乘以墙高度计算
28	011201002001	外墙面水刷石	m²	85.79	$S = $ 墙长 × 墙高 − 窗洞口面积 $= (29.20 + 0.24 \times 4 − 2.7 − 2.0) \times (3.60 + 0.30)$ $− 13.50$ $= 25.46 \times 3.90 − 13.50$ $= 85.79 \text{m}^2$	按设计图示尺寸以面积计算。扣除墙裙、门窗洞口及单个 > 0.3m² 的孔洞面积，不扣除踢脚线的面积，洞口和孔洞的侧壁及顶面不增加面积。 外墙抹灰面积按外墙垂直投影面积计算。
29	011202002001	柱面水刷石	m²	3.17	$S = 0.24 \times 4 \times 3.30 = 3.17 \text{m}^2$	按设计图示柱断面周长乘高度以面积计算。
30	011202002002	梁面水刷石	m²	3.75	$S = (2.70 − 0.12 + 2.0 − 0.12) \times (0.3 \times 2 + 0.24)$ $= 3.75 \text{m}^2$	按设计图示梁断面周长乘长度以面积计算
		N. 天棚工程				
31	011301001001	混合砂浆抹天棚	m²	45.20	$S = $ 屋面面积 − 墙的结构面积 − 梁底面积 $= (9.60 + 0.30 \times 2) \times (5.0 + 0.20 \times 2) − (29.20 + 7.52) \times 0.24 − (2.70 − 0.12 + 2.0 − 0.12) \times 0.24$ $= 55.08 − 8.81 − 1.07$ $= 45.20 \text{m}^2$	按设计图示尺寸以水平投影面积计算。不扣除间壁墙、垛、柱、附墙烟囱、检查口和管道所占的面积。

(续)

序号	项目编码	项目名称	计量单位	工程量	计 算 式	计 算 规 则
		P. 油漆、涂料、裱糊工程				
32	011406001001	抹灰面刷乳胶漆（墙面、天棚）	m²	180.39	$S=$ 序27 + 序31 $=135.19+45.20$ $=180.39\text{m}^2$	按设计图示尺寸以面积计算。
		S. 措施项目				
33	011701001001	综合脚手架	m²	48.86	同序1 $S=48.86\text{m}^2$	按建筑面积计算。
34	011702006001	矩形梁模板	m²	4.12	侧模：$(2.70+2.00+2.94+2.24+0.24\times2)\times0.30$ $=3.11\text{m}^2$ 底模：$(2.70-0.24+2.0-0.24)\times0.24$ $=1.01\text{m}^2$ 小计：$3.11+1.01=4.12\text{m}^2$	按模板与混凝土构件的接触面积计算。
35	011702008001	圈梁模板	m²	15.90	$S=$ 圈梁侧模 + 门窗处底模 $S=[(29.20+0.24\times4)+(5.0-0.24)\times2+(3.6-0.24)\times2+(3.3-0.24)\times2+(2.7-0.24)\times2]\times0.24+(6\times1.5+0.9+2.0)\times0.24$ $=72.48\times0.18+11.9\times0.24$ $=15.90\text{m}^2$	按模板与混凝土构件的接触面积计算。（29.20为$L_{中}$）
36	011702016001	屋面刚性防水层模板	m²	1.25	侧模：$(10.20+5.40)\times2\times0.04$ $=1.25\text{m}^2$	按模板与混凝土构件的接触面积计算。
37	011702027001	台阶模板	m²	2.82	$S=(2.70+2.0)\times0.30\times2$ $=2.82\text{m}^2$	按图示台阶平投影面积计算，两端头模板不计算。
38	011702029001	散水模板	m²	2.19	散水四周侧模：$(29.20+4\times0.24+8\times0.80)\times0.06$ $=36.56\times0.06$ $=2.19\text{m}^2$	按模板与散水接触面积。
39	011703001001	垂直运输	m²	48.86	同序1 $S=48.86\text{m}^2$	按建筑面积计算。

第四章 工程量清单

表 4-3 分部分项工程和单价措施项目清单与计价表

工程名称：接待室工程　　　　　　　　标段：　　　　　　　　第 1 页　共 5 页

序号	项目编码	项目名称	项目特征描述	计量单位	工程量	金额/元 综合单价	合价	其中 暂估价
		A. 土石方工程						
1	010101001001	平整场地	1. 土壤类别：三类土 2. 弃土运距：自定 3. 取土运距：自定	m²	48.86			
2	010101003001	挖基槽土方	1. 土壤类别：三类土 2. 挖土深度：1.20m	m³	34.18			
3	010101004001	挖基坑土方	1. 土壤类别：三类土 2. 挖土深度：1.20m	m³	0.77			
4	010103001001	基础回填土	1. 密实度要求：按规定 2. 填方来源、运距：自定，填土须验方后方可填入。运距由投标人自行确定。	m³	16.75			
5	010103001002	室内回填土	1. 密实度要求：按规定 2. 填方来源、运距：自定	m³	8.12			
6	010103002001	余土外运	1. 废弃料品种：综合土 2. 运距：由投标人自行考虑，结算时不再调整	m³	10.08			
		分部小计						
		D. 砌筑工程						
7	010401001001	M5 水泥砂浆砌砖基础	1. 砖品种、规格、强度等级：页岩砖、240mm×115mm×53mm、MU7.5 2. 基础类型：带型 3. 砂浆强度等级：M5 水泥砂浆 4. 防潮层材料种类：1:2 防水砂浆	m³	15.04			
8	010401003001	M5 混合砂浆砌实心砖墙	1. 砖品种、规格、强度等级：页岩砖、240mm×115mm×53mm、MU7.5 2. 墙体类型：240mm 厚标准砖墙 3. 砂浆强度等级：M5 混合砂浆	m³	24.76			
9	010401009001	M5 混合砂浆砌实心砖柱	1. 砖品种、规格、强度等级：页岩砖、240mm×115mm×53mm、MU7.5 2. 柱类型：标准砖柱 3. 砂浆强度等级：M5 混合砂浆	m³	0.19			
		分部小计						
			本页小计					
			合　　计					

（续）

工程名称：接待室工程　　　　　　标段：　　　　　　第2页　共5页

序号	项目编码	项目名称	项目特征描述	计量单位	工程量	金额/元 综合单价	合价	其中暂估价
		E. 混凝土及钢筋混凝土工程						
10	010501001001	C20 混凝土基础垫层	1. 混凝土类别：塑性砾石混凝土 2. 混凝土强度等级：C20	m³	5.82			
11	010501001002	C15 混凝土地面垫层	1. 混凝土类别：塑性砾石混凝土 2. 混凝土强度等级：C15	m³	3.42			
12	010503002001	现浇 C20 混凝土矩形梁	1. 混凝土类别：塑性砾石混凝土 2. 混凝土强度等级：C20	m³	0.36			
13	010503004001	现浇 C20 混凝土圈梁	1. 混凝土类别：塑性砾石混凝土 2. 混凝土强度等级：C20	m³	1.26			
14	010507001001	现浇 C15 混凝土散水	1. 面层厚度：60mm 2. 混凝土类别：塑性砾石混凝土 3. 混凝土强度等级：C15 4. 变形缝材料：沥青砂浆，嵌缝	m²	25.19			
15	010507004001	现浇 C15 混凝土台阶	1. 踏步高宽比：1:2 2. 混凝土类别：塑性砾石混凝土 3. 混凝土强度等级：C15	m²	2.82			
16	010512002001	预制混凝土空心板	1. 安装高度：3.6m 2. 混凝土强度等级：C30	m³	3.86			
17	010515001001	现浇构件钢筋	钢筋种类、规格：HPB300、Φ10 内	t	0.041			
18	010515001002	现浇构件钢筋	钢筋种类、规格：HRB400、Φ10 以上	t	0.131			
		分部小计						
		H. 门窗工程						
19	010801001001	实木装饰门	1. 门代号：M-1、M-2 2. 门洞口尺寸：900mm×2400mm 3. 玻璃品种、厚度：无	m²	8.64			
20	010807001001	塑钢窗	1. 窗代号：C-1、C-2 2. 窗洞口尺寸：1500mm×1500mm 3. 玻璃品种厚度：平板玻璃 3mm	m²	15.15			
		分部小计						
			本页小计					
			合　　计					

（续）

工程名称：接待室工程　　　　　　　标段：　　　　　　　第3页 共5页

序号	项目编码	项目名称	项目特征描述	计量单位	工程量	金额/元		
						综合单价	合价	其中暂估价
		J. 屋面及防水工程						
21	010902003001	屋面刚性防水	1. 刚性层厚度：40mm 2. 混凝土类别：细石混凝土 3. 混凝土强度等级：C20。	m²	55.08			
		分部小计						
		L. 楼地面工程						
22	011102003001	块料地面面层	1. 找平层厚度、砂浆配合比：1∶3 水泥砂浆 20mm 2. 结合层厚度、砂浆配合比：1∶2 水泥砂浆 20mm 3. 面层材料品种、规格、颜色：400mm×400mm 浅色地砖	m²	42.29			
23	011101006001	屋面1∶3 水泥砂浆找平层	找平层厚度、砂浆配合比：30mm 厚、1∶3 水泥砂浆	m²	55.08			
24	011101006002	屋面1∶2 水泥砂浆防水层	防水层厚度、砂浆配合比：20mm 厚、1∶2 防水砂浆	m²	55.08			
25	011105003001	块料踢脚线	1. 踢脚线高度：150mm 2. 粘贴层厚度、材料种类：20mm 厚、1∶2 水泥砂浆 3. 面层材料品种、规格、颜色：600mm×150mm 浅色面砖	m²	6.29			
26	011107005001	现浇水磨石台阶面	面层厚度、水泥白石子浆配合比：15mm 厚、1∶2 水泥白石子浆	m²	2.82			
		分部小计						
		M. 墙、柱面装饰与隔断、幕墙工程						
27	011201001001	混合砂浆抹内墙面	1. 墙体类型：标准砖墙 2. 底层厚度、砂浆配合比：18mm 厚、混合砂浆 1∶0.5∶2.5 3. 面层厚度、砂浆配合比：8mm 厚、混合砂浆 1∶0.3∶3	m²	135.19			
			本页小计					
			合　　计					

（续）

工程名称：接待室工程　　　　　　　标段：　　　　　　第 4 页　共 5 页

序号	项目编码	项目名称	项目特征描述	计量单位	工程量	综合单价	合价	其中暂估价
28	011201002001	外墙面水刷石	1. 墙体类型：标准砖墙 2. 底层厚度、砂浆配合比： 　15mm 厚、1∶2.5 水泥砂浆 3. 面层厚度、砂浆配合比： 　10mm 厚、1∶2 水泥白石子浆	m^2	85.79			
29	011202002002	柱面水刷石	1. 柱体类型：标准砖柱 2. 底层厚度、砂浆配合比： 　15mm 厚、1∶2.5 水泥砂浆 3. 面层厚度、砂浆配合比： 　10mm 厚、1∶2 水泥白石子浆	m^2	3.17			
30	011202002003	梁面水刷石	1. 梁体类型：混凝土矩形梁 2. 底层厚度、砂浆配合比： 　15mm 厚、1∶2.5 水泥砂浆 3. 面层厚度、砂浆配合比： 　10mm 厚、1∶2 水泥白石子浆	m^2	3.75			
		分部小计						
		N. 天棚工程						
31	011301001001	混合砂浆抹天棚	1. 基层类型：混凝土 2. 抹灰厚度：17mm 厚 3. 砂浆配合比： 　面层 5mm 厚混合砂浆 1∶0.3∶3 　底层 12mm 厚混合砂浆 1∶0.5∶2.5	m^2	45.20			
		分部小计						
		P. 油漆、涂料、裱糊工程						
32	011406001001	抹灰面油漆 （墙面、天棚面）	1. 基层类型：混合砂浆 2. 腻子种类：石膏腻子 3. 刮腻子遍数：2 遍 4. 油漆品种、刷漆遍数：乳胶漆、2 遍 5. 部位：墙面、天棚面	m^2	180.39			
		分部小计						
			本页小计					
			合　　计					

(续)

工程名称：接待室工程　　　　　　　标段：　　　　　　　第5页　共5页

序号	项目编码	项目名称	项目特征描述	计量单位	工程量	金额/元		
						综合单价	合价	其中暂估价
		S. 措施项目						
33	011701001001	综合脚手架		m²	48.86			
34	011702006001	矩形梁模板		m²	4.12			
35	011702008001	圈梁模板		m²	13.20			
36	011702016001	屋面刚性防水层模板		m²	1.25			
37	011702027001	台阶模板		m²	2.82			
38	011702029001	散水模板		m²	2.19			
39	011703001001	垂直运输		m²	48.86			
		分部小计						
		本页小计						
		合　　计						

表 4-4 总价措施项目清单与计价表

工程名称：接待室工程　　　　　　　　标段：　　　　　　　　　　第1页 共1页

序 号	项目编码	项目名称	计算基础	费率（%）	金额/元	调整费率（%）	调整后金额/元	备 注
1	011707001001	安全文明施工费	定额人工费					
2	011707002001	夜间施工增加费	定额人工费					
3	011707004001	二次搬运费	定额人工费					
4	011707005001	冬雨季施工增加费	定额人工费					
			合　计					

编制人（造价人员）：　　　　　　　　　　　　　　　　　　　　　　复核人（造价工程师）：

注：1 "计算基础"中安全文明施工可为"定额基价""定额人工费"或"定额人工费+定额机械费"，其他项目可为"定额人工费"或"定额人工费+定额机械费"。
　　2 按施工方案计算的措施费，若无"计算基础"和"费率"的数值，也可只填"金额"数值，但应在备注栏说明施工方案出处或计算方法。

第四章　工程量清单

表 4-5　暂列金额明细表

工程名称：接待室工程　　　　　　　　　　标段：　　　　　　　　　　第 1 页　共 1 页

序号	项目名称	计算单位	暂定金额/元	备注
1	工程量清单中工程量偏差和设计变更	项	5000.00	
2	材料价格风险	项	3000.00	
3				
4				
5				
6				
7				
	合　计		8000.00	

注：此表由招标人填写，如不能详列，也可只列暂定金额总额，投标人应将上述暂列金额计入投标总价中。

表 4-6　其他项目清单与计价汇总表

工程名称：接待室工程　　　　　　　　　　标段：　　　　　　　　　　第 1 页　共 1 页

序号	项目名称	金额/元	结算金额/元	备注
1	暂列金额	8000.00		明细详见表 4-5
2	暂估价			
2.1	材料（工程设备）暂估价			
2.2	专业工程暂估价			
3	计日工			
4	总承包服务费			
5	索赔与现场签证			
	合　计			

注：材料（工程设备）暂估单价进入清单项目综合单价，此处不汇总。

表 4-7 规费、税金项目计价表

工程名称：接待室工程　　　　　　　　　标段：　　　　　　　　　　　　　第 1 页　共 1 页

序　号	项目名称	计算基础	计算基数	计算费率（%）	金额/元
1	规费	定额人工费			
1.1	社会保障费	定额人工费			
（1）	养老保险费	定额人工费			
（2）	失业保险费	定额人工费			
（3）	医疗保险费	定额人工费			
（4）	工伤保险费	定额人工费			
（5）	生育保险费	定额人工费			
1.2	住房公积金	定额人工费			
1.3	工程排污费	按工程所在地区规定计取			
2	税金	分部分项工程费＋措施项目费＋其他项目费＋规费－按规定不计税的工程设备金额			
	合　　计				

第八步：编制接待室工程总说明

方法：根据《建设工程工程量清单计价规范》中规定的统一表格（表-01）和内容要求编写。

接待室工程总说明见表 4-8。

表 4-8　总说明

工程名称：接待室工程　　　　　　　　　　　　　　　　　　　　　　第 1 页　共 1 页

1. 工程概况：本工程为砖混结构，单层建筑，建筑面积为 48.86m^2，计划工期为 45 天。

2. 工程招标范围：本次招标范围为施工图范围内的建筑与装饰工程。

3. 工程量清单编制依据：

　（1）接待室工程施工图；

　（2）《建设工程工程量清单计价规范》（GB 50500—2013）；

　（3）《房屋建筑与装饰工程工程量计算规范》（GB 50854—2013）。

4. 其他需要说明的问题

　（1）本工程暂列金额 8000.00 元。

　（2）钢筋由招标人供应，单价暂定为 4500.00 元/t。

第九步：编制接待室工程招标工程量清单封面

方法：根据《建设工程工程量清单计价规范》中规定的统一表格（扉-1），编制接待室工程招标工程量清单封面。

接待室工程招标工程量清单封面见表4-9。

表4-9　接待室工程招标工程量清单封面

_____接待室_____ 工程

招标工程量清单

招　标　人：_____×××_____
　　　　　　　　（单位盖章）

造价咨询人：_____×××_____
　　　　　　　　（单位咨询专业章）

法定代表人
或其授权人：_____×××_____
　　　　　　　（签字或盖章）

法定代表人
或其授权人：_____×××_____
　　　　　　　（签字或盖章）

编　制　人：_____×××_____
　　　　　　（造价人员签字盖专业章）

复　核　人：_____×××_____
　　　　　　（造价工程师签字盖专业章）

编制时间：20××年×月×日　　　　　　复核时间：20××年×月×日

第十步：将表 4-3～表 4-9 的内容装订成册，签字、盖章。形成接待室工程招标工程量清单文件。

说明：接待室工程招标工程量清单文件的装订顺序，正好和编制内容的顺序相反。

装订顺序依次为：

招标工程量清单封面（表 4-9）；

总说明（表 4-8）；

规费、税金项目计价表（表 4-7）；

其他项目清单与计价汇总表（表 4-6）；

暂列金额明细表（表 4-5）；

总价措施项目清单与计价表（表 4-4）；

分部分项工程和单价措施项目清单与计价表（表 4-3）。

【背景】

某基础工程施工图如图 4-5 所示。该基础为 M5 水泥砂浆砌标准砖带形基础，C15 混凝土基础垫层 200mm 厚，基础深 1.55m。

【问题】

根据《建设工程工程量清单计价规范》（GB 50500—2013）、《房屋建筑与装饰工程工程量计算规范》（GB 50854—2013）和图 4-5 所示施工图，编制该基础工程的招标工程量清单。

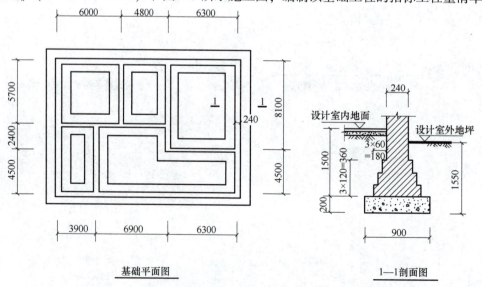

图 4-5　基础施工图

练习题二

【背景】

某工程地面做法：C15 混凝土垫层（100mm 厚），1∶3 水泥砂浆找平层（20mm 厚），1∶2 水泥砂浆铺贴 500mm×500mm×20mm 中国红花岗岩板。建筑平面图如图 4-6 所示。

【问题】

根据《建设工程工程量清单计价规范》（GB 50500—2013）、《房屋建筑与装饰工程工程量计算规范》（GB 50854—2013）和图 4-6 所示建筑平面图，编制该地面工程的分部分项工程量清单。

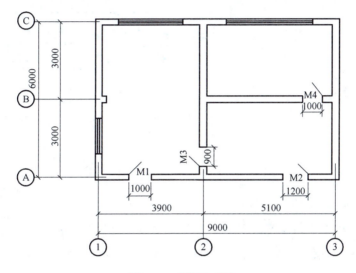

图 4-6　建筑平面图

第五章
工程量清单报价

 学习目标

通过本章的学习,了解工程量清单报价的概念及其编制内容、编制方法和编制步骤,掌握综合单价的编制方法,能根据招标工程量清单进行投标报价。

第五章 工程量清单报价

第一节 概 述

一、概述

(一) 投标价的概念

投标价是指投标人投标时响应招标文件要求所报出的已标价工程量清单汇总后标明的总价。

已标价工程量,是指投标人响应招标文件,根据招标工程量清单,自主填报各部分价格,具有分部分项工程费及单价措施项目费、总价措施项目费、其他项目费、规费和税金的工程量清单。将全部费用汇总后的总价,就是投标价。

(二) 投标报价的概念及其编制内容

投标报价是指包含封面、工程计价总说明、单项工程投标价汇总表、单位工程投标报价汇总表、分部分项工程和措施项目计价表、综合单价分析表、总价措施项目清单与计价表、其他项目计价表、规费和税金项目计价表等内容的报价文件。

(三) 投标报价的编制依据与作用

1. 投标报价编制依据

投标报价的编制依据是由《建设工程工程量清单计价规范》规定的。包括:

1)《建设工程工程量清单计价规范》;
2) 国家或省级、行业建设主管部门颁发的计价办法;
3) 企业定额、国家或省级、行业建设主管部门颁发的计价定额和计价办法;
4) 招标文件、招标工程量清单及其补充通知、答疑纪要;
5) 建设工程设计文件和相关资料;
6) 施工现场情况、工程特点及投标时拟定的施工组织设计或施工方案;
7) 与建设项目相关的标准、规范等技术资料;
8) 市场价格信息或工程造价管理机构发布的工程造价信息。

2. 投标报价编制依据的作用

(1) 清单计价规范

例如,投标报价中的措施项目划分为"单价项目"与"总价项目"两类,是《建设工程工程量清单计价规范》(GB 50500—2013) 第"5.2.3"、"5.2.4"条文规定的。

(2) 国家或省级、行业建设主管部门颁发的计价办法

例如,投标报价的费用项目组成就是根据"中华人民共和国住房和城乡建设部、中华人民共和国财政部" 2013 年 3 月 21 日颁发的《建筑安装工程费用项目组成》建标 [2013] 44 号文件确定的。

(3) 企业定额、国家或省级、行业建设主管部门颁发的计价定额和计价办法

2003 年、2008 年和 2013 年清单计价规范都规定了企业定额是编制投标报价的依据,虽然各地区没有具体实施,但指出了根据企业定额自主报价是投标报价的方向。

各省、市、自治区的工程造价行政主管部门都颁发了本地区组织编写的计价定额，它是投标报价的依据。计价定额是对"建筑工程预算定额、建筑工程消耗量定额、建筑工程计价定额、建筑工程单位估价表、建筑工程清单计价定额"的统称。

由于有些费用计算具有地区性，每个地区要颁发一些计价办法。例如，有的地区颁发了工程排污费、安全文明施工费等的计算办法。

（4）招标文件、招标工程量清单及其补充通知、答疑纪要

招标文件中对于工期的要求、采用计价定额的要求、暂估工程的范围等都是编制投标报价的依据。

编制投标报价必须依据招标工程量清单才能编制出综合单价和计算各项费用，是投标报价的核心依据。

补充通知和答疑纪要的工程量、价格等内容都要影响投标报价，所以也是重要编制依据。

（5）建设工程设计文件和相关资料

建设工程设计文件是指"建筑、装饰、安装施工图"。

相关资料是指各种标准图集等。例如。11G101—1《混凝土结构施工图平面整体表示方法制图规则和构造详图》就是计算工程量的依据。

（6）施工现场情况、工程特点及投标时拟定的施工组织设计或施工方案

例如，编制投标报价时要根据施工组织设计或施工方案，确定挖基础土方是否需要增加工作面和放坡、挖出的土堆放在什么地点、多余的土方运距几公里等等，然后才能确定工程量和工程费用。

（7）与建设项目相关的标准、规范等技术资料

例如，"关于发布《全国统一建筑安装工程工期定额》的通知（建标［2000］38号文）就是与建设项目相关的标准。

（四）投标报价编制步骤

我们可以采用，从得到"投标报价"结果后，倒推计算费用的思路来描述投标报价的编制步骤。

投标报价由"规费和税金、其他项目费、总价措施项目费、分部分项工程费和单价措施项目费"构成。

税金是根据"规费、其他项目费、总价措施项目费、分部分项工程费和单价措施项目费"之和乘以综合税率计算出来的，所以要先计算这四项费用。

其他项目主要包含"暂列金额、暂估价、计日工、总承包服务费"，暂列金额、暂估价是招标人规定的，按要求照搬就可以了。根据计日工人工、材料、机械台班数量自主报价就行了。总承包服务费出现了才计算。

总价措施项目的"安全文明施工费"是非竞争项目，必须按规定计取。"二次搬运费"等有关总价措施项目，投标人根据工程情况自主报价。

分部分项工程费和单价措施项目费是根据施工图、清单工程量和计价定额确定每个项目的综合单价，然后分别乘以分部分项工程和单价措施项目清单工程量就得到分部分项工程费和单价措施项目费。

将上述"规费和税金、其他项目费、总价措施项目费、分部分项工程费和单价措施项

目费"汇总为投标报价。

现在我们从编制的先后顺序,通过下面的框图来描述投标报价的编制顺序,如图 5-1 所示。

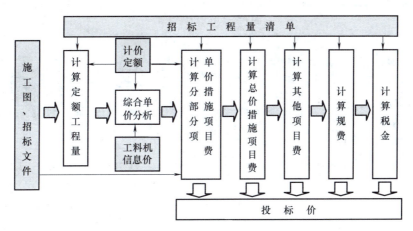

图 5-1 投标价编制步骤示意图

二、综合单价的编制

(一) 综合单价的概念

综合单价是指完成一个规定清单项目所需的人工费、材料费和工程设备费、施工机具使用费和企业管理费、利润以及一定范围内的风险费。

人工费、材料费和工程设备费、施工机具使用费是根据计价定额计算的;企业管理费和利润是根据省市工程造价行政主管部门发布的文件规定计算的。

一定范围内的风险费主要指:同一分部分项清单项目的已标价工程量清单中的综合单价与招标控制价的综合单价之比,超过 ±15% 时,才能调整综合单价。例如,同一清单项目的已标价工程量清单中的综合单价是 248 元/m², 招标控制价的综合单价为 210 元/m², (248÷210-1)×100% =18.1%, 超过了 15%, 可以调整综合单价。如果没有超过 15%, 就不能调整综合单价,因为综合单价已经包含了 15% 的价格风险。

(二) 定额工程量的概念

定额工程量是相对清单工程量而言的。清单工程量是根据施工图和清单工程量计算规则计算的;定额工程量是根据施工图和定额工程量计算规则计算的。因为在编制综合单价时会同时出现清单工程量与定额工程量,所以一定要搞清楚定额工程量的概念。

(三) 确定综合单价的方法

根据工程量清单计价规范和造价工作实践,总结了编制综合单价,也是"综合单价分析表"编制的三种方法。

1. 定额法

所谓"定额法"是指一项或者一项以上的"计价定额"项目,通过计算后重新组成一个定额的方法,见表 5-1。

表 5-1 综合单价分析表（定额法）

工程名称：A 工程　　　　　标段：　　　　　　　　　　第 1 页　共 1 页

项目编码	010401001001		项目名称		砖基础		计量单位		m³	
清单综合单价组成明细											

定额编号	定额项目名称	定额单位	数量	单价/元				合价/元			
				人工费	材料费	机械费	管理费	人工费	材料费	机械费	管理费
A3-1	M5 水泥砂浆砌砖基础基础砖基础	10m³	0.10	584.40	2293.77	40.35	175.32	58.44	229.38	4.04	17.53
A7-214	1∶2 水泥砂浆墙基防潮层	100m²	0.0059	811.80	774.82	33.10	243.54	4.79	4.57	0.20	1.44
人工单价			小计				63.23	233.95	4.24	18.97	
60.00 元/工日			未计价材料费							
清单项目综合单价								320.39			

	主要材料名称、规格、型号	单位	数量	单价/元	合价/元	暂估单价/元	暂估合价/元
材料费明细	标准砖	千块	0.5236	380.00	198.97		
	42.5 水泥	t	0.0505	360.00	18.18		
	中砂	t	0.3783	30.00	11.35		
	水	m³	0.176	5.00	0.88		
	42.5 水泥	t	0.00822	360.00	2.96		
	中砂	t	0.0217	30.00	0.65		
	防水粉	kg	0.412	2.00	0.82		
	水	m³	0.027	5.00	0.14		
	其他材料费				—		—
	材料费小计				233.95		—

采用"定额法"编制综合单价时，如果现行的人工、材料单价发生变化时，需要先行处理，其计算步骤也发生了变化。例如，当表 5-1 中的人工费按照文件规定需要调增 45% 时、32.5 水泥按照规定需要调整为 410 元/t 时、管理费和利润率变为 27% 时，计算过程见表 5-2。

说明：综合单价分析中的"管理费和利润"，计算方法一般有两种，第一种是根据"定额人工费"乘以规定的百分率；第二种是根据"定额人工费+定额机械费"乘以规定的百分率。本例中采用的是第一种方法计算的"管理费和利润"。

第五章 工程量清单报价

表 5-2 综合单价分析表（定额法）

工程名称：A 工程　　　　　标段：　　　　　　　　　　　第 1 页　共 1 页

| 项目编码 | 010401001001 | 项目名称 | | 砖基础 | | 计量单位 | | m³ |

清单综合单价组成明细								
定额编号	定额项目名称	定额单位	数量	单价/元				合价/元			
				人工费	材料费	机械费	管理费	人工费	材料费	机械费	管理费
A3-1	M5 水泥砂浆砌砖基础	10m³	0.10	873.38	2319.10	40.35	168.68	87.34	231.91	4.04	16.87
A7-214	1∶2 水泥砂浆墙基防潮层	100m²	0.0059	1177.11	844.07	33.10	228.12	6.94	4.98	0.20	1.35
人工单价		小　　计						94.28	236.89	4.24	18.22
60.00 元/工日		未计价材料费									
清单项目综合单价									353.63		

	主要材料名称、规格、型号	单位	数量	单价/元	合价/元	暂估单价/元	暂估合价/元
材料费明细	标准砖	千块	0.5236	380.00	198.97		
	42.5 水泥	t	0.0505	410.00	20.71		
	中砂	t	0.3783	30.00	11.35		
	水	m³	0.176	5.00	0.88		
	42.5 水泥	t	0.00822	410.00	3.37		
	中砂	t	0.0217	30.00	0.65		
	防水粉	kg	0.412	2.00	0.82		
	水	m³	0.027	5.00	0.14		
	其他材料费			—		—	
	材料费小计			—	236.89	—	

2. 分部分项全费用法

"分部分项全费用法"是指根据清单工程量项目对应的一个或一个以上的定额工程量，分别套用对应的计价定额项目后，计算出人工费、材料费、机械费、管理费和利润，然后加总再除以清单工程量得出综合单价的方法。

当某工程的砖基础清单工程量为 14.93m³、根据图纸计算出的砖基础防潮层工程量为 8.81m² 时，我们用表 5-2 的数据来说明"分部分项全费用法"的综合单价分析方法，见表 5-3。

表 5-3 综合单价分析表（分部分项全费用法）

工程名称：A 工程　　　　　　　　标段：　　　　　　　　　　　　　　第 1 页 共 1 页

项目编码	010401001001		项目名称		砖基础		计量单位		m³
清单综合单价组成明细									

定额编号	定额项目名称	定额单位	数量	单价/元				合价/元			
				人工费	材料费	机械费	管理费	人工费	材料费	机械费	管理费
A3-1	M5 水泥砂浆砌砖基础	10m³	1.493	584.40	2293.77	40.35	175.32	872.51	3424.60	60.24	261.75
A7-214	1:2 水泥砂浆墙基防潮层	100m²	0.0881	811.80	774.82	33.10	243.54	71.52	68.26	2.92	21.46
	人工单价			小 计				944.03	3492.86	63.16	283.21
	60.00 元/工日			材料费计算				注：材料费=3492.86÷14.93=233.95			
	清单项目综合单价							4783.26÷14.93=320.38			

材料费明细	主要材料名称、规格、型号	单位	数量	单价/元	合价/元	暂估单价/元	暂估合价/元
	标准砖	千块	0.5236	380.00	198.97		
	42.5 水泥	t	0.0505	360.00	18.18		
	中砂	t	0.3783	30.00	11.35		
	水	m³	0.176	5.00	0.88		
	42.5 水泥	t	0.00822	360.00	2.96		
	中砂	t	0.0217	30.00	0.65		
	防水粉	kg	0.412	2.00	0.82		
	水	m³	0.027	5.00	0.14		
	其他材料费				—		—
	材料费小计				233.95	—	—

3. 分部分项工料机及费用法

上述两种方法不能反映每项清单工程量的全部工料机消耗量。因为要编制工料机统计汇总表就需要这些数据资料，所以设计了"分部分项工料机及费用法"确定综合单价。其计算过程见表 5-4。

表 5-4 综合单价分析表（分部分项工料机及费用法）

工程名称：A 工程　　　　标段：　　　　　　　　　　　第 1 页　共 1 页

序号	1
清单项目编码	010401001001
清单项目名称	砖基础
计量单位	m³
清单工程量	14.93

综合单价分析

			定额编号	A3-1		A7-214	
			定额子目名称	M5 水泥砂浆砌砖基础		1:2 水泥砂浆墙基防潮层	
			定额计量单位	m³		m²	
			定额工程量	14.93		8.81	
	工料机名称	单位		消耗量	单价/元	消耗量	单价/元
				小计	合价/元	小计	合价/元
人工	人工	工日		0.974	60.00	0.1353	60.00
				14.542	872.52	1.192	71.52
材料	标准砖	千块		0.5236	380.00		
				7.817	2970.46		
	中砂	t		0.3783	30.00	0.03684	30.00
				5.648	169.44	0.325	9.75
	42.5 水泥	t		0.0505	360.00	0.01394	360.00
				0.754	271.44	0.123	44.28
	防水粉	kg				0.6983	2.00
						6.152	12.30
	水	m³		0.176	5.00	0.0456	5.00
				2.628	13.14	0.402	2.01
机械	灰浆搅拌机	台班		0.039	103.45	0.0032	103.45
				0.582	60.21	0.028	2.90
	工料机小计/元			4357.21		142.76	
	工料机合计/元			4499.97			
	管理费/元			人工费×30%＝(872.52＋71.52)×30%＝283.21			
	利润/元						
	清单费合计/元			4783.18			
	综合单价/元			清单费合计÷清单工程量＝4783.18÷14.93＝320.37			
	其中			人工	材料费	机械费	管理费、利润
				63.23	233.94	4.23	18.97

说明：管理费、利润＝定额人工费×30% 是某地区规定。

三、分部分项工程和单价措施项目费计算

（一）分部分项工程费计算

根据分部分项清单工程量乘以对应的综合单价就得出了分部分项工程费。分部分项工程费是根据招标工程量清单，通过"分部分项工程和单价措施项目计价表"实现的。

例如，某工程的砖基础、混凝土基础垫层清单工程量、项目编码、项目特征描述、计量单位、综合单价见表5-5，计算其分部分项工程费。

表5-5 分部分项工程和措施项目计价表（部分）

工程名称：A 工程　　　标段：　　　　　　　　第1页　共8页

序号	项目编码	项目名称	项目特征描述	计量单位	工程量	综合单价	合价	其中暂估价
			D. 砌筑工程					
1	010401001001	砖基础	1. 砖品种、规格、强度等级：页岩砖，240mm×115mm×53mm，MU7.5 2. 基础类型：带型 3. 砂浆强度等级：M5 水泥砂浆 4. 防潮层材料种类： 　1:2 防水砂浆	m³	56.56	320.39	18121.26	
			分部小计				18121.26	
			E. 混凝土及钢筋混凝土工程					
2	010501001001	基础垫层	1. 混凝土类别：碎石塑性混凝土 2. 强度等级：C15	m³	18.20	321.50	5851.30	
			分部小计				5851.30	
			本页小计				23972.56	
			合　　计				23972.56	

（二）单价措施项目费计算

根据单价措施项目清单工程量乘以对应的综合单价就得出了单价措施项目费。单价措施项目费是根据招标工程量清单，通过"分部分项工程和单价措施项目计价表"实现的。

例如，某工程的脚手架、现浇矩形梁模板的清单工程量、项目编码、项目特征描述、计量单位、综合单价见表5-6，计算其单价措施项目费。

表 5-6　分部分项工程和措施项目计价表（部分）

工程名称：A工程　　　　　标段：　　　　　　　　　　　第1页　共1页

序号	项目编码	项目名称	项目特征描述	计量单位	工程量	金额/元		
						综合单价	合价	其中 暂估价
			S. 措施项目					
			S.1 脚手架工程					
1	011701001001	综合脚手架	建筑结构形式：框架 檐口高度：6m	m²	546.88	28.97	15843.11	
			小计				15843.11	
			S.2 混凝土模板及支架					
2	011702006001	矩形梁模板	支撑高度：3m	m²	31.35	53.50	1677.23	
			小计				1677.23	
			分部小计				17520.34	
			本页小计				17520.34	
			合　　计				17520.34	

四、总价措施项目费计算

（一）总价措施项目的概念

总价措施项目是指清单措施项目中，无工程量计算规则，以"项"为单位，采用规定的计算基数和费率计算总价的项目。

例如，"安全文明施工费""二次搬运费""冬雨季施工费"等，就是不能计算工程量，只能计算总价的措施项目。

（二）总价措施项目的计算方法

总价措施项目是按规定的基数采用规定的费率通过"总价措施项目清单与计价表"来计算的。

例如，A工程的"安全文明施工费""夜间施工增加费"总价措施项目，按规定以定额人工费分别乘以26%和3%计算。该工程的定额人工费为222518元，总价措施项目费计算过程见表5-7。

表 5-7　总价措施项目清单与计价表

工程名称：A 工程　　　　　　　　　　标段：　　　　　　　　　　第 1 页　共 1 页

序号	项目编码	项目名称	计算基础	费率（%）	金额（元）	调整费率（%）	调整后金额（元）	备注
1	011707001001	安全文明施工费	定额人工费（222518）	26	57854.68			
2	011707002001	夜间施工增加费	定额人工费（222518）	3.0	6675.54			
3	011707004001	二次搬运费	（本工程不计算）					
4	011707005001	冬雨季施工增加费	（本工程不计算）					
5	011707007001	已完工程及设备保护费	（本工程不计算）					
		合　　计			64530.22			

编制人（造价人员）：×××　　　　　　　　　　复核人（造价工程师）：×××

五、其他项目费计算

（一）其他项目费的内容

其他项目包括：暂列金额、暂估价、计日工、总承包服务费。

1. 暂列金额

暂列金额是招标人在工程量清单中暂定并包括在合同价款中的一笔款项。

主要用于工程合同签订时尚未确定或者不可预见的所需材料、工程设备、服务的采购的费用，用于施工中可能发生的工程变更、合同约定调整因素出现时，合同价款调整费用，以及发生的工程索赔、现场签证确认的各项费用。

例如，支付工程施工中应业主要求，增加 3 道防盗门的费用。

2. 暂估价

暂估价是招标人在工程量清单中提供的，用于支付必然发生的但暂时不能确定价格的材料和工程设备的单价，以及专业工程的金额。

例如，工程需要安装一种新型的断桥铝合金窗，各厂商的报价还不确定，所以在招标工程量清单中暂估为 800 元/m^2。等工程实施过程中在由业主和承包商共同商定最终价格。

在招标时，智能化工程图纸还没有进行工艺设计，不能准确计算招标控制价。这时就采用专业工程暂估价的方式，给出一笔专业工程的金额。

3. 计日工

计日工是指在施工过程中，承包人完成发包人提出的工程合同范围以外的零星项目或工作，按合同中约定的单价计价的一种方式。

例如，发包人提出了施工图以外的混凝土便道的施工要求，给出完成道路的人工、材料、机械台班数量，投标人在报价时自主填上对应的综合单价，计算出工料机合价和管理费利润后，汇总成总计。

4. 总承包服务费

总承包服务费是指总承包人为配合发包人进行的专业工程发包，对发包人自行采购的材料、工程设备等进行保管以及施工现场管理、竣工资料汇总整理等服务所需的费用。

(二) 其他项目费的计算

1. 编制招标控制价时其他项目费的计算

编制招标控制价时，其他项目费应按下列规定计算：

1) 暂列金额应按招标工程量清单中列出的金额填写；
2) 暂估价中的材料、工程设备单价应按招标工程量清单中列出的金额填写；
3) 暂估价中的专业工程金额应按招标工程量清单中列出的金额填写；
4) 计日工应按招标工程量清单中列出的项目，根据工程特点和有关计价依据确定综合单价计算；
5) 总承包服务费应根据招标工程量清单中列出的内容和要求估算。

2. 编制投标报价时其他项目费的计算

编制投标报价时，其他项目费应按下列规定计算：

1) 暂列金额应按招标工程量清单中列出的金额填写；
2) 材料、工程设备暂估价应按招标工程量清单中列出的单价计入综合单价；
3) 专业工程暂估价应按招标工程量清单中列出的金额填写；
4) 计日工应按招标工程量清单中列出的项目和数量，自主确定综合单价并计算计日工金额；
5) 总承包服务费应根据招标工程量清单中列出的内容和提出的要求自主确定。

六、规费、税金项目的计算

(一) 规费的概念

规费是指根据国家法律、法规规定，由省级政府或有关权力部门规定施工企业必须缴纳的，应计入建筑安装工程造价的费用，不得作为竞争性费用。

地方有关权力部门主要指省级建设行政主管部门——省住房和城乡建设厅。

(二) 规费的内容

规费的内容包括：

1. 社会保险费

包括养老保险费、失业保险费、医疗保险费、工伤保险费和生育保险费。

2. 住房公积金

住房公积金是指国家机关、国有企业、城镇集体企业、外商投资企业、城镇私营企业及其他城镇企业、事业单位为在职职工缴存的长期住房储金。

3. 工程排污费

建标〔2013〕44号文规定：工程排污费是指按规定缴纳的施工现场工程排污费。

建筑行业涉及到的排污费主要有噪声超标排污费。

施工单位建筑排污费有三种计算方法：①按工程面积计算；②按监测数据超标计算；③按施工期限计算。

(三) 规费的计算方法

计算规费需要两个条件：一是计算基础；二是费率。

计算方法是：规费 = 计算基础 × 费率。

计算基数和费率一般由各省、市、自治区规定。通常是以工程项目的定额直接费为规费的计算基数然后乘以规定的费率。即：××规费 = 分部分项工程和单价措施项目定额直接费 × 对应费率。

一些地区将规费费率按企业等级进行核定，各个企业等级的规费费率是不同的。

（四）税金的概念

税金是指国家税法规定的，应计入建筑安装工程造价内的营业税、城市维护建设税、教育费附加和地方教育附加。

（五）税金的计算方法

我国税法规定：税金 = (税前造价 + 税金) × 税率。

工程造价综合税率 = 营业税率 + 城市维护建设税率 + 教育费附加税率 + 地方教育附加税率；

城市维护建设税 = 营业税 × 城市维护建设税率；

教育费附加 = 营业税 × 教育费附加税率；

地方教育附加 = 营业税 × 地方教育附加税率。

第二节 案例分析

案例

【背景】

某单位接待室工程施工图设计说明及施工图，如图4-3，图4-4所示。招标工程量清单见第四章第二节案例。

【问题】

根据某单位接待室工程招标工程量清单、《建设工程工程量清单计价规范》（GB 50500—2013）、《房屋建筑与装饰工程工程量计算规范》（GB 50854—2013）、某单位接待室工程施工图设计说明及施工图，计算该工程投标报价。

【答案】

根据某单位接待室工程的招标文件（略）、招标工程量清单、《建设工程工程量清单计价规范》（GB 50500—2013）、《房屋建筑与装饰工程工程量计算规范》（GB 50854—2013）、某单位接待室工程施工图设计说明及施工图、地区计价定额、工料机单价和费用定额及计价办法，编制的该工程投标报价书。

说明：依装订顺序按照该工程投标报价书构成的内容（1-8）表述如下：

1. 投标总价封面   见表5-17
2. 总说明   见表5-16
3. 单位工程投标报价汇总表   见表5-15
4. 规费、税金项目计价表   见表5-14
5. 其他项目清单与计价汇总表   见表5-13
6. 总价措施项目清单与计价表   见表5-12

7. 分部分项工程和单价措施项目清单与计价表　　见表 5-11
8. 综合单价分析表　　见表 5-10
9. 定额工程量计算表　　见表 5-9

注：本案例采用的某地区费用定额见表 5-8。

表 5-8　某地区建筑安装工程费用标准

序号	费用名称		建筑与装饰工程		安装工程	
			计算基数	费率（%）	计算基数	费率（%）
1		直接费	∑分部分项工程费 + 单价措施项目费			
2		企业管理费	∑分部分项、单价措施项目定额人工费 + 定额机械费	17	定额人工费	18
3		利润		10		13
4	总价措施费	安全文明施工费	∑分部分项、单价措施项目人工费	25	∑分部分项、单价措施项目人工费	25
5		夜间施工增加费		2		2
6		冬雨季施工增加费	∑分部分项工程费	0.5	∑分部分项工程费	0.5
7		二次搬运费	∑分部分项工程费 + 单价措施项目费	1	∑分部分项工程费 + 单价措施项目费	1
8		提前竣工费	按经审定的赶工措施方案计算			
9	其他项目费	暂列金额	∑分部分项工程费 + 措施项目费	5~10	∑分部分项工程费 + 措施项目费	5~10
10		总承包服务费	分包工程造价	3	分包工程造价	3
11		计日工	按暂定工程量×单价		按暂定工程量×单价	
12	规费	社会保险费	∑分部分项、单价措施项目人工费	16	∑分部分项、单价措施项目人工费	16
13		住房公积金		3		3
14		工程排污费	∑分部分项工程费	0.5	∑分部分项工程费	0.5
15		营业税	税前造价（序1~序14之和）	3.0928	税前造价（序1~序14之和）	3.0928
16	税金	城市维护建设税	营业税	7	营业税	7
				5		5
				1		1
17		教育的附加	营业税	3	营业税	3
18		地方教育附加		2		2
19		工程造价	序1~序18之和		序1~序18之和	
或者	税金	当工程在市区	税前造价（序1~序14之和）	3.48	税前造价（序1~序14之和）	3.48
		当工程在县、镇		3.41		3.41
		其他		3.28		3.28

编制步骤如下：

第一步：复核分部分项和单价措施项目的清单工程量。当清单工程量与定额工程量的计算规则不同时，编制综合单价需计算定额工程量。

接待室工程分部分项工程和单价措施项目定额工程量的计算见表 5-9。

表 5-9 综合单价分析所需清单工程量与定额工程量计算表

工程名称：接待室工程

序号	项目编码	清单工程量项目与计算				定额编号	定额工程量项目与计算			
		项目名称	单位	数量	计算式		项目名称	单位	数量	计算式
1	010101001001	平整场地	m^2	48.86	$S=(3.60+3.30+2.70+0.24)×(5.0+0.24)-2.70×2.0×0.5=51.56-2.70=48.86m^2$ 清单规范计算规则：按设计图示尺寸以建筑物首层建筑面积计算。	A1-39	平整场地	m^2	51.56	$(9.60+0.24)×(5.0+0.24)=51.56m^2$ 定额计算规则：按设计图示尺寸以建筑物首层建筑面积计算。
2	011105001001	水泥砂浆踢脚线	m^2	6.14	$S=$各房间踢脚线长×踢脚线高 $=[(3.60-0.24+5.0-0.24)×2+(3.30-0.24+5.0-0.24)×2+(2.70-0.24+3.0-0.24)×2+(2.70+2.00)$（注：檐廊处）$-(0.9×4×2)$（注：门洞）$+4×(0.24-0.10)×2$（注：门洞口侧面）$]×0.15$ $=(16.24+15.64+10.44+4.70-7.20+1.12)×0.15=40.94×0.15=6.14m^2$ 清单规范计算规则：按设计图示长度乘高度以面积计算。	B1-199	水泥砂浆踢脚线	m^2	6.35	$S=0.15×[(3.60-0.24+5.0-0.24)×2+(3.30-0.24+5.0-0.24)×2+(3.0-0.24+2.70-0.24)×2]$ $=0.15×42.32=6.35m^2$ 定额计算规则：按设计图示尺寸以面积计算。不扣除门洞宽度，门洞侧面也不增加。

第二步：进行综合单价分析，见表 5-10。

方法：根据地区计价定额、工料机单价，应用《建设工程工程量清单计价规范》中规定的统一表格（表-09），进行接待室工程综合单价分析。

（说明：该工程的分项工程和单价措施项目共有 39 个项目，应一一进行综合单价分析，由于各地区的计价定额的不同，本教材未列出计价定额的摘录，所以，只例举了前 15 个项目进行分析方法示意，后略。）

表 5-10　综合单价分析表

工程名称：接待室工程　　　　　　　　　　标段：　　　　　　　　　　第 1 页　共 39 页

项目编码	010101001001		项目名称		平整场地		计量单位		m²		
清单综合单价组成明细											
定额编号	定额项目名称	定额单位	数量	单 价/元				合 价/元			
				人工费	材料费	机械费	管理费和利润	人工费	材料费	机械费	管理费和利润
A1-39	平整场地	100m²	0.01055	142.88		38.58		1.51			0.41
人工单价		小　　计					1.51			0.41	
元/工日 || 未计价材料费										
清单项目综合单价										1.92		

材料费明细	主要材料名称、规格、型号	单位	数量	单价/元	合价/元	暂估单价/元	暂估合价/元
	其他材料费			—		—	
	材料费小计			—		—	

注：1 如不使用省级或行业建设主管部门发布的计价依据，可不填写定额编号、名称等。

　　2 招标文件提供了暂估单价的材料，按暂估的单价填入表内"暂估单价"栏及"暂估合价"栏。

　　说明：此表数量栏的数量＝定额工程量÷清单工程量＝51.56÷48.86＝1.055

　　管理费和利润＝（人工费＋机械费）×27%（某地区费用定额）（以下各表相同）

工程名称：接待室工程　　　　　　　标段：　　　　　　　第 2 页　共 39 页　（续）

项目编码	010101003001	项目名称		挖基槽土方（墙基）		计量单位	m^3

清单综合单价组成明细

定额编号	定额项目名称	定额单位	数量	单价/元				合价/元			
				人工费	材料费	机械费	管理费和利润	人工费	材料费	机械费	管理费和利润
A1-11	人工挖沟槽、基坑	100m³	0.01	1529.38			412.93	15.29			4.13
人工单价			小　计					15.29			4.13
元/工日			未计价材料费								
			清单项目综合单价					19.42			

材料费明细	主要材料名称、规格、型号		单位	数量	单价/元	合价/元	暂估单价/元	暂估合价/元
	其他材料费						—	—
	材料费小计						—	—

(续)

工程名称：接待室工程　　　　　　　标段：　　　　　　　　　　第 3 页　共 39 页

项目编码	010101004001		项目名称		挖基坑土方（柱基）		计量单位			m^3
清单综合单价组成明细										

定额编号	定额项目名称	定额单位	数量	单价/元				合价/元			
				人工费	材料费	机械费	管理费和利润	人工费	材料费	机械费	管理费和利润
A1-11	人工挖沟槽、基坑	100m^3	0.01	1529.38			412.93	15.29			4.13
人工单价				小　　计							
元/工日				未计价材料费							
清单项目综合单价											

材料费明细	主要材料名称、规格、型号	单位	数量	单价/元	合价/元	暂估单价/元	暂估合价/元
	其他材料费			—		—	
	材料费小计			—		—	

（续）

工程名称：接待室工程　　　　　　标段：　　　　　　　第4页　共39页

项目编码	010103001001	项目名称		基础回填土		计量单位	m^3
清单综合单价组成明细							

定额编号	定额项目名称	定额单位	数量	单价/元				合价/元			
				人工费	材料费	机械费	管理费和利润	人工费	材料费	机械费	管理费和利润
A1-41	回填土（夯填）	100m³	0.01	1332.45		250.01	427.26	13.32		2.50	4.27
人工单价				小　计				13.32		2.50	4.27
元/工日				未计价材料费							
清单项目综合单价									20.09		

材料费明细	主要材料名称、规格、型号	单位	数量	单价/元	合价/元	暂估单价/元	暂估合价/元
	其他材料费					—	—
	材料费小计					—	

（续）

工程名称：接待室工程　　　　　　　　标段：　　　　　　　　第 5 页　共 39 页

项目编码	010103001002		项目名称		室内回填土		计量单位			m³
\multicolumn{11}{c}{清单综合单价组成明细}

定额编号	定额项目名称	定额单位	数量	单价/元				合价/元			
				人工费	材料费	机械费	管理费和利润	人工费	材料费	机械费	管理费和利润
A1-41	回填土（夯填）	100m³	0.01	1332.45		250.01	427.26	13.32		2.50	4.27
人工单价			小　　计					13.32		2.50	4.27
元/工日			未计价材料费								
			清单项目综合单价					20.09			

材料费明细	主要材料名称、规格、型号	单位	数量	单价/元	合价/元	暂估单价/元	暂估合价/元
	其他材料费			—		—	
	材料费小计			—		—	

（续）

工程名称：接待室工程　　　　　　标段：　　　　　　　　第 6 页 共 39 页

项目编码	010103002001	项目名称		余土外运	计量单位	m^3

清单综合单价组成明细

定额编号	定额项目名称	定额单位	数量	单价/元				合价/元			
				人工费	材料费	机械费	管理费和利润	人工费	材料费	机械费	管理费和利润
A1-153	装卸机运土方	1000m³	0.001	271.19		2851.49	843.12	0.27		2.85	0.84
A1-163 + A1-164	汽车运土方	1000m³	0.001			10005.19	2701.40			10.01	2.70
人工单价			小　　计					0.27		12.86	3.54
元/工日			未计价材料费								
			清单项目综合单价						16.67		

	主要材料名称、规格、型号			单位	数量	单价/元	合价/元	暂估单价/元	暂估合价/元
材料费明细									
	其他材料费						—		—
	材料费小计						—		—

(续)

工程名称：接待室工程　　　　标段：　　　　第 7 页　共 39 页

项目编码	010401001001	项目名称		砖基础		计量单位	m^3

清单综合单价组成明细

定额编号	定额项目名称	定额单位	数量	单价/元				合价/元			
				人工费	材料费	机械费	管理费和利润	人工费	材料费	机械费	管理费和利润
A3-1	砖基础	10m³	0.1	584.40	2363.50	40.35	168.68	58.44	236.35	4.04	16.87
人工单价			小　　计					58.44	236.35	4.04	16.87
元/工日			未计价材料费								
		清单项目综合单价						315.70			

材料费明细	主要材料名称、规格、型号	单位	数量	单价/元	合价/元	暂估单价/元	暂估合价/元
	标准砖 240mm×115mm×53mm	千块	0.5236	380.00	198.97		
	水泥 32.5	t	0.051	360.00	18.36		
	中砂	m³	0.378	48.00	18.14		
	水	m³	0.176	5.00	0.88		
	水泥砂浆 M5（中砂）	m³	(0.236)				
	其他材料费				—		—
	材料费小计				—	236.35	—

说明：定额中的中砂单价为 30.00 元/m³，现调为 48.00 元/m³。（后同）

工程名称：接待室工程　　　　　　标段：　　　　　　　　　　　　　　　　（续）第 8 页　共 39 页

| 项目编码 | 010401003001 | 项目名称 | | | 实心砖墙 | | 计量单位 | | | m³ |

清单综合单价组成明细

定额编号	定额项目名称	定额单位	数量	单价/元				合价/元			
				人工费	材料费	机械费	管理费和利润	人工费	材料费	机械费	管理费和利润
A3-3	砖砌内外墙	10m³	0.10	798.60	2430.40	39.31	226.24	79.86	243.04	3.93	22.62
人工单价			小　　　计					79.86	243.04	3.93	22.62
元/工日			未计价材料费								
清单项目综合单价								349.45			

材料费明细	主要材料名称、规格、型号	单位	数量	单价/元	合价/元	暂估单价/元	暂估合价/元
	标准砖 240mm×115mm×53mm	千块	0.531	380.00	201.78		
	水泥 32.5	t	0.048	360.00	17.28		
	中砂	m³	0.361	48.00	17.33		
	生石灰	t	0.019	290.00	5.51		
	水	m³	0.228	5.00	1.14		
	水泥石灰砂浆 M5（中砂）	m³	(0.225)				
	其他材料费				—		—
	材料费小计				—	243.04	—

(续)

工程名称：接待室工程　　　标段：　　　第 9 页　共 39 页

项目编码	010401009001	项目名称		实心砖柱		计量单位	m³

清单综合单价组成明细

定额编号	定额项目名称	定额单位	数量	单价/元				合价/元			
				人工费	材料费	机械费	管理费和利润	人工费	材料费	机械费	管理费和利润
A3-8	砌砖柱	10m³	0.10	918.60	2430.40	39.31	258.64	91.86	243.04	3.93	25.86
人工单价			小　　计					91.86	243.04	3.93	25.86
元/工日			未计价材料费								
			清单项目综合单价						364.69		

材料费明细	主要材料名称、规格、型号	单 位	数 量	单价/元	合价/元	暂估单价/元	暂估合价/元
	标准砖 240mm×115mm×53mm	千块	0.531	380.00	201.78		
	水泥 32.5	t	0.048	360.00	17.28		
	中砂	m³	0.361	48.00	17.33		
	生石灰	t	0.019	290.00	5.51		
	水	m³	0.228	5.00	1.14		
	水泥石灰砂浆 M5（中砂）	m³	(0.225)				
	其他材料费			—		—	
	材料费小计			—	243.04	—	

(续)

工程名称：接待室工程　　　　标段：　　　　　　第 10 页　共 39 页

项目编码	010501001001	项目名称		基础垫层		计量单位			m^3	

清单综合单价组成明细

定额编号	定额项目名称	定额单位	数量	单价/元				合价/元			
				人工费	材料费	机械费	管理费和利润	人工费	材料费	机械费	管理费和利润
B1-24	混凝土基础垫层	10m^3	0.10	927.36	1918.30	87.28	314.54	92.74	191.83	8.73	31.45
人工单价			小　　计					92.74	191.83	8.73	31.45
元/工日			未计价材料费								
			清单项目综合单价						324.75		

材料费明细	主要材料名称、规格、型号	单位	数量	单价/元	合价/元	暂估单价/元	暂估合价/元
	水泥 32.5	t	0.263	360.00	94.68		
	中砂	m^3	0.762	48.00	36.58		
	碎石	m^3	1.361	42.00	57.16		
	水	m^3	0.682	5.00	3.41		
	现浇混凝土（中砂碎石）C20-40	m^3	(1.01)				
	其他材料费				—		—
	材料费小计			—	191.83	—	

注：某地区定额规定装饰定额的垫层项目如用于基础垫层时，人工、机械乘以系数 1.2。

(续)

工程名称：接待室工程　　　　　　标段：　　　　　　第 11 页　共 39 页

项目编码	010501001002	项目名称			地面垫层		计量单位	m³

清单综合单价组成明细

定额编号	定额项目名称	定额单位	数量	单价/元				合价/元			
				人工费	材料费	机械费	管理费和利润	人工费	材料费	机械费	管理费和利润
B1-24	混凝土地面垫层	10m³	0.10	772.8	1906.00	72.73	226.24	77.28	19.06	7.27	2.62
人工单价		小　　计						77.28	19.06	7.27	2.62
元/工日		未计价材料费									
		清单项目综合单价						106.23			

材料费明细	主要材料名称、规格、型号	单位	数量	单价/元	合价/元	暂估单价/元	暂估合价/元
	水泥32.5	t	0.026	360.00	9.36		
	中砂	m³	0.076	48.00	3.65		
	碎石	m³	0.136	42.00	5.71		
	水	m³	0.068	5.00	0.34		
	现浇混凝土（中砂碎石）C15-40	m³	(0.10)				
	其他材料费			—		—	
	材料费小计			—	19.06	—	

工程名称：接待室工程　　　　标段：　　　　　　　　　第12页　共39页（续）

项目编码	010503002001	项目名称			矩形梁		计量单位			m³

清单综合单价组成明细

定额编号	定额项目名称	定额单位	数量	单价/元				合价/元			
				人工费	材料费	机械费	管理费和利润	人工费	材料费	机械费	管理费和利润
A4-21-24	混凝土矩形梁	10m³	0.10	900.60	2143.00	112.71	273.59	90.06	214.30	11.27	27.36
人工单价			小　　计					90.06	214.30	11.27	27.36
元/工日			未计价材料费								
			清单项目综合单价						342.99		

	主要材料名称、规格、型号	单位	数量	单价/元	合价/元	暂估单价/元	暂估合价/元
材料费明细	水泥32.5	t	0.325	360.00	117.00		
	中砂	m³	0.669	48.00	32.11		
	碎石	m³	1.366	42.00	57.37		
	塑料薄膜	m²	2.380	0.80	1.90		
	水	m³	1.183	5.00	5.92		
	现浇混凝土（中砂碎石）C20-40	m³	(1.00)				
	其他材料费				—		—
	材料费小计				—	214.30	—

(续)

工程名称：接待室工程　　　　　　　标段：　　　　　　　　　　　　第 13 页　共 39 页

项目编码	010503004001	项目名称			圈梁		计量单位			m³

清单综合单价组成明细

定额编号	定额项目名称	定额单位	数量	单价/元				合价/元			
				人工费	材料费	机械费	管理费和利润	人工费	材料费	机械费	管理费和利润
A4-23	混凝土圈梁	10m³	0.10	1399.2	2150.40	69.18	396.46	139.92	215.04	6.92	39.65
人工单价			小　　计					139.92	215.04	6.92	39.65
元/工日			未计价材料费								
			清单项目综合单价					401.53			

	主要材料名称、规格、型号	单位	数量	单价/元	合价/元	暂估单价/元	暂估合价/元
材料费明细	水泥 32.5	t	0.325	360.00	117.00		
	中砂	m³	0.669	48.00	32.11		
	碎石	m³	1.366	42.00	57.37		
	塑料薄膜	m²	3.304	0.80	2.64		
	水	m³	1.183	5.00	5.92		
	现浇混凝土（中砂碎石）C20-40	m³	(1.00)				
	其他材料费			—		—	
	材料费小计			—	215.04	—	

工程名称：接待室工程　　　　　标段：　　　　　　　　　　　第14页　共39页　（续）

项目编码	010507001001	项目名称			散水		计量单位			m²

清单综合单价组成明细

| 定额编号 | 定额项目名称 | 定额单位 | 数量 | 单价/元 | | | | 合价/元 | | | |
				人工费	材料费	机械费	管理费和利润	人工费	材料费	机械费	管理费和利润
A4-61	散水	100m²	0.01	3444.6	3385.00	102.38	957.68	34.45	33.85	1.02	9.58
人工单价			小　　计					34.45	33.85	1.02	9.58
元/工日			未计价材料费								
			清单项目综合单价						78.90		

材料费明细	主要材料名称、规格、型号	单位	数量	单价/元	合价/元	暂估单价/元	暂估合价/元
	水泥 32.5	t	0.022	360.00	7.92		
	中砂	m³	0.067	48.00	3.22		
	碎石	m³	0.096	42.00	4.03		
	生石灰	t	0.040	290.00	11.60		
	石油沥青 30#	t	0.001	4900.00	4.90		
	滑石粉	kg	2.293	0.50	1.15		
	烟煤	t	0.0009	750.00	0.68		
	水	m³	0.047	5.00	0.24		
	其他材料费			—	0.11		
	材料费小计			—	33.85		

(续)

工程名称：接待室工程　　　　　标段：　　　　　　第 15 页　共 39 页

项目编码	010507004001	项目名称			台阶		计量单位			m²
清单综合单价组成明细											

定额编号	定额项目名称	定额单位	数量	单价/元				合价/元			
				人工费	材料费	机械费	管理费和利润	人工费	材料费	机械费	管理费和利润
A4-66	混凝土台阶	100m²	0.01	4036.20	5118.00	185.29	1139.80	40.36	51.18	1.85	11.40
人工单价			小　　　计					40.36	51.18	1.85	11.40
元/工日			未计价材料费								
清单项目综合单价									104.79		

材料费明细	主要材料名称、规格、型号	单位	数量	单价/元	合价/元	暂估单价/元	暂估合价/元
	水泥 32.5	t	0.032	360.00	11.52		
	中砂	m³	0.096	48.00	4.61		
	碎石	m³	0.165	42.00	6.93		
	生石灰	t	0.081	290.00	23.49		
	石油沥青 30#	t	0.0006	4900.00	2.94		
	滑石粉	kg	1.076	0.50	0.54		
	塑料薄膜	m²	0.075	0.80	0.06		
	烟煤	t	0.0005	750.00	0.38		
	水	m³	0.088	5.00	0.44		
	其他材料费			—	0.27		
	材料费小计			—	51.18		

表 5-11 分部分项工程和单价措施项目清单与计价表

工程名称：接待室工程　　　　　　标段：　　　　　　　　第1页 共5页

序号	项目编码	项目名称	项目特征描述	计量单位	工程量	金额/元		
						综合单价	合价	其中 人工费
		A. 土石方工程						
1	010101001001	平整场地	1. 土壤类别：三类土 2. 弃土运距：自定 3. 取土运距：自定	m²	48.86	1.92	93.81	73.78
2	010101003001	挖基槽土方	1. 土壤类别：三类土 2. 挖土深度：1.20m	m³	34.18	19.42	663.78	522.61
3	010101004001	挖基坑土方	1. 土壤类别：三类土 2. 挖土深度：1.20m	m³	0.77	19.42	14.95	11.77
4	010103001001	基础回填土	1. 密实度要求：按规定 2. 填方来源、运距：自定，填土须验方后方可填入。运距由投标人自行确定。	m³	16.75	20.09	336.51	222.44
5	010103001002	室内回填土	1. 密实度要求：按规定 2. 填方来源、运距：自定	m³	8.12	20.09	163.13	108.16
6	010103002001	余土外运	1. 废弃料品种：综合土 2. 运距：由投标人自行考虑，结算时不再调整	m³	10.08	16.67	168.03	2.72
		分部小计					1440.21	941.48
		D. 砌筑工程						
7	010401001001	M5 水泥砂浆砌砖基础	1. 砖品种、规格、强度等级：页岩砖、240mm×115mm×53mm、MU7.5 2. 基础类型：带型 3. 砂浆强度等级：M5 水泥砂浆 4. 防潮层材料种类：1:2 防水砂浆	m³	15.04	315.70	4748.13	878.94
8	010401003001	M5 混合砂浆砌实心砖墙	1. 砖品种、规格、强度等级：页岩砖、240mm×115mm×53mm、MU7.5 2. 墙体类型：240mm厚标准砖墙 3. 砂浆强度等级：M5 混合砂浆	m³	24.76	349.45	8652.38	1977.33
9	010401009001	M5 混合砂浆砌实心砖柱	1. 砖品种、规格、强度等级：页岩砖、240mm×115mm×53mm、MU7.5 2. 柱类型：标准砖柱 3. 砂浆强度等级：M5 混合砂浆	m³	0.19	364.69	69.29	17.45
		分部小计					13469.77	2873.72
		本页小计					14909.98	3815.20
		合 计					28379.75	6688.92

(续)

工程名称：接待室工程　　　　　标段：　　　　　　第 2 页　共 5 页

序号	项目编码	项目名称	项目特征描述	计量单位	工程量	金额/元		
						综合单价	合价	其中 人工费
		E. 混凝土及钢筋混凝土工程						
10	010501001001	C20 混凝土基础垫层	1. 混凝土类别：塑性砾石混凝土 2. 混凝土强度等级：C20	m³	5.82	324.75	1890.05	539.75
11	010501001002	C15 混凝土地面垫层	1. 混凝土类别：塑性砾石混凝土 2. 混凝土强度等级：C15	m³	3.42	106.23	363.31	264.30
12	010503002001	现浇 C20 混凝土矩形梁	1. 混凝土类别：塑性砾石混凝土 2. 混凝土强度等级：C20	m³	0.36	342.99	123.48	32.42
13	010503004001	现浇 C20 混凝土圈梁	1. 混凝土类别：塑性砾石混凝土 2. 混凝土强度等级：C20	m³	1.26	401.53	505.93	176.30
14	010507001001	现浇 C15 混凝土散水	1. 面层厚度：60mm 2. 混凝土类别：塑性砾石混凝土 3. 混凝土强度等级：C15 4. 变形缝材料：沥青砂浆，嵌缝	m²	25.19	78.90	1987.49	867.80
15	010507004001	现浇 C15 混凝土台阶	1. 踏步高宽比：1∶2 2. 混凝土类别：塑性砾石混凝土 3. 混凝土强度等级：C15	m²	2.82	104.79	295.51	113.82
16	010512002001	预制混凝土空心板	1. 安装高度：3.6m 2. 混凝土强度等级：C30	m³	3.86	402.65	1554.23	361.99
17	010515001001	现浇构件钢筋	钢筋种类、规格：HPB300、Φ10 内	t	0.041	5745.18	235.55	32.79
18	010515001002	现浇构件钢筋	钢筋种类、规格：HRB400、Φ10 以上	t	0.131	5787.43	758.15	63.35
		分部小计					7713.70	2452.52
		H. 门窗工程						
19	010801001001	实木装饰门	1. 门代号：M-1、M-2 2. 门洞尺寸：900mm×2400mm 3. 玻璃品种、厚度：无	m²	8.64	333.56	2881.96	252.72
20	010807001001	塑钢窗	1. 窗代号：C-1、C-2 2. 窗洞口尺寸：1500mm×1500mm 3. 玻璃品种厚度：平板玻璃3mm	m²	15.15	197.29	2988.94	338.45
		分部小计					5870.90	591.17
			本页小计				13584.60	3043.69
			合　　计				41964.35	9732.61

(续)

工程名称：接待室工程　　　　　标段：　　　　　第 3 页　共 5 页

序号	项目编码	项目名称	项目特征描述	计量单位	工程量	金额/元		
						综合单价	合价	其中人工费
		J. 屋面及防水工程						
21	010902003001	屋面刚性防水	1. 刚性层厚度：40mm 2. 混凝土类别：细石混凝土 3. 混凝土强度等级：C20。	m²	55.08	24.73	1362.13	364.63
		分部小计					1362.13	364.63
		L. 楼地面工程						
22	011102003001	块料地面面层	1. 找平层厚度、砂浆配合比：1:3水泥砂浆 20mm 2. 结合层厚度、砂浆配合比：1:2水泥砂浆 20mm 3. 面层材料品种、规格、颜色：400mm×400mm 浅色地砖	m²	42.29	80.77	3415.76	689.33
23	011101006001	屋面 1:3 水泥砂浆找平层	找平层厚度、砂浆配合比：30mm 厚、1:3 水泥砂浆	m²	55.08	13.89	765.06	298.53
24	011101006002	屋面 1:2 水泥砂浆防水层	防水层厚度、砂浆配合比：20mm 厚、1:2 防水砂浆	m²	55.08	18.25	1005.21	393.27
25	011105003001	块料踢脚线	1. 踢脚线高度：150mm 2. 粘贴层厚度、材料种类：20mm 厚、1:2 水泥砂浆 3. 面层材料品种、规格、颜色：600mm×150mm 浅色面砖	m²	6.29	84.04	528.61	187.32
26	011107005001	现浇水磨石台阶面	面层厚度、水泥白石子浆配合比：15mm 厚、1:2 水泥白石子浆	m²	2.82	85.51	241.14	123.06
		分部小计					5955.78	1691.51
		M. 墙、柱面装饰与隔断、幕墙工程						
27	011201001001	混合砂浆抹内墙面	1. 墙体类型：标准砖墙 2. 底层厚度、砂浆配合比：18mm 厚、混合砂浆 1:0.5:2.5 3. 面层厚度、砂浆配合比：8mm 厚、混合砂浆 1:0.3:3	m²	135.19	22.20	3001.22	1734.49
		本页小计					10319.13	3790.63
		合　　计					52283.48	13523.24

(续)

工程名称：接待室工程　　　　　标段：　　　　　第4页　共5页

序号	项目编码	项目名称	项目特征描述	计量单位	工程量	金额/元 综合单价	合价	其中 人工费
28	011201002001	外墙面水刷石	1. 墙体类型：标准砖墙 2. 底层厚度、砂浆配合比：15mm厚、1:2.5水泥砂浆 3. 面层厚度、砂浆配合比：10mm厚、1:2水泥白石子浆	m²	85.79	32.68	2803.62	1322.88
29	011202002002	柱面水刷石	1. 柱体类型：标准砖柱 2. 底层厚度、砂浆配合比：15mm厚、1:2.5水泥砂浆 3. 面层厚度、砂浆配合比：10mm厚、1:2水泥白石子浆	m²	3.17	36.94	117.10	60.90
30	011202002003	梁面水刷石	1. 梁体类型：混凝土矩形梁 2. 底层厚度、砂浆配合比：15mm厚、1:2.5水泥砂浆 3. 面层厚度、砂浆配合比：10mm厚、1:2水泥白石子浆	m²	3.75	46.14	173.03	98.31
		分部小计					3093.75	1482.09
		N. 天棚工程						
31	011301001001	混合砂浆抹天棚	1. 基层类型：混凝土 2. 抹灰厚度：17mm厚 3. 砂浆配合比： 面层5mm厚混合砂浆1:0.3:3 底层12mm厚混合砂浆1:0.5:2.5	m²	45.20	20.96	947.39	590.31
		分部小计					947.39	590.31
		P. 油漆、涂料、裱糊工程						
32	011406001001	抹灰面油漆（墙面、天棚面）	1. 基层类型：混合砂浆 2. 腻子种类：石膏腻子 3. 刮腻子遍数：2遍 4. 油漆品种、刷漆遍数：乳胶漆、2遍 5. 部位：墙面、天棚面	m²	180.39	9.54	3524.82	1910.33
		分部小计					3524.82	1910.33
			本页小计				7565.96	3982.73
			合　计				59849.44	17505.97

（续）

工程名称：接待室工程　　　　　标段：　　　　　第5页 共5页

序号	项目编码	项目名称	项目特征描述	计量单位	工程量	金额/元 综合单价	合价	其中 人工费
		S. 措施项目						
33	011701001001	综合脚手架		m²	48.86	4.62	225.73	63.52
34	011702006001	矩形梁模板		m²	4.12	61.10	251.73	96.16
35	011702008001	圈梁模板		m²	13.20	39.85	526.02	241.56
36	011702016001	屋面刚性防水层模板		m²	1.25	51.06	63.83	19.53
37	011702027001	台阶模板		m²	2.82	71.10	200.50	73.83
38	011702029001	散水模板		m²	2.19	71.10	155.71	57.33
39	011703001001	垂直运输		m²	48.86	16.04	783.71	
		分部小计					2207.23	551.93
		本页小计					2207.23	551.93
		合　　计					62056.67	18057.90

表 5-12 总价措施项目清单与计价表

工程名称：接待室工程　　　　　　　标段：　　　　　　　　　第 1 页　共 1 页

序号	项目编码	项目名称	计算基础	费率（%）	金额（元）	调整费率（%）	调整后金额/元	备注
1	011707001001	安全文明施工费	定额人工费	25	4514.48			人工费 18057.90
2	011707002001	夜间施工增加费	定额人工费	2	361.16			
3	011707004001	二次搬运费	定额人工费	1	180.58			
4	011707005001	冬雨季施工增加费	定额人工费	0.5	90.29			
		合　　计			5146.51			

编制人（造价人员）：　　　　　　　　　　　　　　　　　　复核人（造价工程师）：

表 5-13 其他项目清单与计价汇总表

工程名称：接待室工程　　　　　　　　　标段：　　　　　　　　　　　第 1 页　共 1 页

序　号	项 目 名 称	金额/元	结算金额/元	备　注
1	暂列金额	8000.00		
2	暂估价			
2.1	材料（工程设备）暂估价			
2.2	专业工程暂估价			
3	计日工			
4	总承包服务费			
5	索赔与现场签证			
	合　计	8000.00		

注：材料（工程设备）暂估单价进入清单项目综合单价，此处不汇总。

表 5-14 规费、税金项目计价表

工程名称：接待室工程　　　　　　　　标段：　　　　　　　　　　　　　第 1 页 共 1 页

序号	项目名称	计算基础	计算基数	计算费率（%）	金额/元
1	规费				3730.25
1.1	社会保障费				2889.26
(1)	养老保险费	定额人工费（分部分项+单价措施项目）	18057.90	16	2889.26
(2)	失业保险费				
(3)	医疗保险费				
(4)	工伤保险费				
(5)	生育保险费				
1.2	住房公积金			3	541.74
1.3	工程排污费	按工程所在地区规定计取	分部分项工程费 59849.44	0.5	299.25
2	税金	税前造价	78933.43	3.48（市区）	2746.88
合　计					6477.13

表 5-15 单位工程投标报价汇总表

工程名称：接待室工程　　　　　　　　标段：　　　　　　　　　　　　　第 1 页 共 1 页

序号	汇总内容	金额/元	其中：暂估价
1	分部分项工程	59849.44	
1.1	土石方工程	1440.21	
1.2	砌筑工程	13469.77	
1.3	混凝土及钢筋混凝土工程	7713.70	
1.4	门窗工程	5870.90	
1.5	屋面及防水工程	1362.13	
1.6	楼地面工程	5955.78	
1.7	墙柱面装饰工程	3093.75	
1.8	天棚工程	947.39	
1.9	油漆、涂料、裱糊工程	3524.82	
2	措施项目	7353.74	
2.1	其中：安全文明费	4514.48	
3	其他项目	8000.00	
3.1	其中：暂列金额	8000.00	
3.2	其中：专业工程暂估价		
3.3	其中：计日工		
3.4	其中：总承包服务费		
4	规费	3730.25	
5	税金	2746.88	
投标报价合计=1+2+3+4+5		81680.31	

第三步：进行分部分项工程和单价措施项目清单与计价表的填写、计算，见表5-11。

方法：复制接待室工程分部分项工程和单价措施项目清单，在表中填写综合单价并进行合价的计算。并要分析、计算定额人工费，因定额人工费是计算其他费用的基础。

第四步：进行总价措施项目清单与计价表的填写、计算，见表5-12。

方法：根据总价措施项目清单和地区计价定额、费用定额及计价办法，进行总价措施项目清单与计价表的填写、计算。

第五步：进行其他项目清单与计价汇总表的填写、计算，见表5-13。

方法：其他项目费主要根据招标工程量清单中的"其他项目清单与计价汇总表"内容计算，接待室工程只有暂列金额一项。

第六步：进行规费、税金项目计价表的填写、计算，见表5-14。

方法：根据分部分项工程和单价措施项目清单与计价表中合计的定额人工费和表5-8中的费用标准，进行规费、税金项目计价表的填写、计算。

第七步：进行单位工程投标报价汇总表的计算，见表5-15。

方法：将分部分项工程和单价措施项目清单与计价表、总价措施项目清单与计价表、其他项目清单与计价汇总表、规费和税金项目计价表中的数据汇总到"单位工程投标报价汇总表"。

第八步：编写总说明，见表5-16。

表5-16　接待室工程计价总说明

总　说　明

工程名称：接待室工程　　　　　　　　　　　　　　　　　　第1页　共1页

1. 工程概况：本工程为砖混结构，单层建筑，建筑面积为48.86m^2，计划工期为45天。
2. 工程投标范围：本次投标范围为施工图范围内的建筑与装饰工程。
3. 工程量清单投标报价编制依据：
1）接待室工程招标工程量清单；
2）接待室工程施工图；
3）《建设工程工程量清单计价规范》（GB 50500—2013）；
4）《房屋建筑与装饰工程工程量计算规范》（GB 50854—2013）；
5）地区计价定额、计价方法、信息价格。
4. 其他需要说明的问题
招标人供应现浇构件的全部钢筋，单价暂定为4500.00元/t。

第九步：填写封面、投标报价扉页，见表5-17。

表 5-17　接待室工程投标总价封面

投 标 总 价

招　标　人：　　××公司

工　程　名　称：　　接待室工程

投　标　总　价（小写）：　　81680.31 元

　　　　　　　（大写）：　　捌万壹仟陆佰捌拾零元叁角壹分

投　标　人：　　××建筑公司
　　　　　　　　　（单位盖章）

法 定 代 表 人　　　　　　×××
或 其 授 权 人：　　　（签字或盖章）

编　制　人：　　×××
　　　　　　　（造价人员签字盖专业章）

时间：20××年×月××日

第十步：将表 5-10～表 5-17 的内容装订成册，签字、盖章。形成接待室工程投标报价书。

（说明：计算好投标报价后，报价书的装订顺序与编制步骤正好相反。）

以上编制内容和编制步骤见图 5-2。

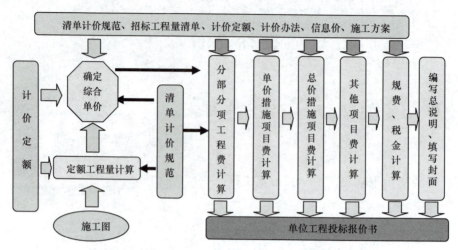

图 5-2 接待室工程投标报价编制步骤示意图

练 习 题

【背景】

已知某办公楼工程的招标工程量清单如下：

表 5-18 封面

____办公楼____ 工程

招标工程量清单

招 标 人：____×××____　　　　造价咨询人：____×××____
　　　　　　（单位盖章）　　　　　　　　　　（单位咨询专业章）

法定代表人　　　　　　　　　　法定代表人
或其授权人：____×××____　　或其授权人：____×××____
　　　　　　（签字或盖章）　　　　　　　　　（签字或盖章）

编 制 人：____×××____　　　　复 核 人：____×××____
　　　　（造价人员签字盖专业章）　　　（造价工程师签字盖专业章）
编制时间：20××年×月×日　　　复核时间：20××年×月×日

表 5-19　总说明

工程名称：办公楼工程
1. 工程概况
1）建筑高度为 7.2m，地上 2 层。
2）结构类型为砖混凝结构。
3）抗震设防烈度为七度。
2. 工程招标和分包范围
　　设计施工图纸所示全部内容
3. 工程量清单编制依据
1）办公楼工程设计施工图；
2）《建设工程工程量清单计价规范》（GB 50500—2013）；
3）《房屋建筑与装饰工程工程量计算规范》（GB 50854—2013）。
4. 工程质量、材料、施工等的特殊要求
1）工程质量须达合格。
2）材料及施工须满足设计与规范要求。

表 5-20　单位工程投标报价汇总表

工程名称：办公楼工程　　　　　　　标段：　　　　　　　　　第 1 页　共 1 页

序　号	汇总内容	金额（元）	其中：暂估价（元）
1	分部分项工程		
1.1	土石方工程		
1.2	砌筑工程		
1.3	混凝土及钢筋混凝土工程		
1.4	门窗工程		
1.5	屋面及防水工程		
1.6	防腐、隔热、保温工程		
1.7	楼地面工程		
1.8	墙柱面装饰工程		
1.9	天棚工程		
1.10	油漆、涂料、裱糊工程		
2	措施项目		
2.1	其中：安全文明费		
3	其他项目		
3.1	其中：暂列金额		
3.2	其中：专业工程暂估价		
3.3	其中：计日工		
3.4	其中：总承包服务费		
4	规费		
5	税金		
	投标报价合计 = 1 + 2 + 3 + 4 + 5		

表 5-21 分部分项工程和单价措施项目清单与计价表

工程名称：办公楼工程　　　　　　　　　标段：　　　　　　　　　　第 1 页　共 5 页

序号	项目编码	项目名称	项目特征描述	计量单位	工程量	金额/元		
						综合单价	合价	其中暂估价
		土石方工程						
1	010101001001	平整场地	1. 土壤类别：土壤综合 2. 弃土运距：自行考虑 3. 取土运距：自行考虑	m²	273.01			
2	010101003001	挖基础土方	1. 土壤类别：土壤综合 2. 挖土深度：1.60m	m³	512.56			
3	010103001001	基础回填土	1. 密实度要求：按规定 2. 填方来源、运距：自定，填土须验方后方可填入。运距由投标人自行确定。	m³	433.58			
4	010103001002	室内回填土	1. 密实度要求：按规定 2. 填方来源、运距：自定	m³	32.76			
5	010103002001	余土外运	1. 废弃料品种：综合土 2. 运距：由投标人自行考虑，结算时不再调整	m³	22.31			
		分部小计						
		砌筑工程						
6	010401001001	砖基础	1. 砖品种、规格、强度等级：页岩砖，240mm×115mm×53mm、MU7.5 2. 基础类型：带型 3. 砂浆强度等级：M5 水泥砂浆 4. 防潮层材料种类：	m³	71.63			
7	010401003001	实心砖墙	1. 砖品种、规格、强度等级：页岩砖，240mm×115mm×53mm、MU7.5 2. 墙体类型：240mm 厚标准砖墙 3. 砂浆强度等级：M5 混合砂浆	m³	159.78			
8	010401012001	零星砌砖	1. 零星砌砖名称、部位： 2. 砖品种、规格、强度等级：页岩砖，240mm×115mm×53mm、MU7.5 3. 砂浆强度等级：M5 混合砂浆	m³	0.19			
		分部小计						
			本页小计					
			合　　计					

(续)

工程名称：办公楼工程　　　　　　标段：　　　　　　　　第 2 页　共 5 页

序号	项目编码	项目名称	项目特征描述	计量单位	工程量	金额/元		
						综合单价	合价	其中暂估价
		混凝土及钢筋混凝土工程						
9	010501001001	基础垫层	1. 混凝土类别：塑性砾石混凝土 2. 混凝土强度等级：C20	m^3	18.06			
10	010501001002	地面垫层	1. 混凝土类别：塑性砾石混凝土 2. 混凝土强度等级：C15	m^3	3.42			
11	010502001001	矩形柱	1. 混凝土类别：塑性砾石混凝土 2. 混凝土强度等级：C25	m^3	3.30			
12	010502002001	构造柱	1. 混凝土类别：塑性砾石混凝土 2. 混凝土强度等级：C25	m^3	11.61			
13	010503002001	矩形梁	1. 混凝土类别：塑性砾石混凝土 2. 混凝土强度等级：C25	m^3	6.48			
14	010503004001	地圈梁	1. 混凝土类别：塑性砾石混凝土 2. 混凝土强度等级：C25	m^3	5.60			
15	010503004002	圈梁	1. 混凝土类别：塑性砾石混凝土 2. 混凝土强度等级：C25	m^3	3.20			
16	010505003001	平板	1. 混凝土类别：塑性砾石混凝土 2. 混凝土强度等级：C25	m^3	26.05			
17	010505003002	斜屋面平板	1. 混凝土类别：塑性砾石混凝土 2. 混凝土强度等级：C25	m^3	22.66			
18	010506001001	直形楼梯	1. 混凝土类别：塑性砾石混凝土 2. 混凝土强度等级：C25	m^2	12.74			
19	010507001001	散水	1. 面层厚度：60mm 2. 混凝土类别：塑性砾石混凝土 3. 混凝土强度等级：C20 4. 变形缝材料：沥青砂浆，嵌缝	m^2	80.96			
20	010507004001	台阶	1. 踏步高宽比：1:2 2. 混凝土类别：塑性砾石混凝土 3. 混凝土强度等级：C20	m^2	5.61			
21	010515001001	现浇构件钢筋	钢筋种类、规格：HPB300、Φ10 内	t	2.571			
22	010515001002	现浇构件钢筋	钢筋种类、规格：HRB400、Φ10 以上	t	2.828			
		分部小计						
			本页小计					
			合　计					

（续）

工程名称：办公楼工程　　　　　标段：　　　　　第 3 页 共 5 页

序号	项目编码	项目名称	项目特征描述	计量单位	工程量	金额/元		
						综合单价	合价	其中暂估价
		门窗工程						
23	010801001001	镶板木门	1. 门代号：M-2 2. 门洞口尺寸：900mm×2400mm	m²	43.20			
24	010802004001	防盗门	1. 门代号：M-1 2. 门洞口尺寸：900mm×2000mm	m²	18.00			
24	010807001001	塑钢窗	1. 窗代号：C-1、 2. 窗洞口尺寸：1500mm×1500mm	m²	67.50			
		分部小计						
		屋面及防水工程						
25	010901001001	瓦屋面	1. 瓦品种、规格：红色彩瓦 2. 粘结层砂浆的配合比：1:2 水泥砂浆 20mm	m²	283.22			
26	010902001001	屋面卷材防水	1. 卷材品种、规格、厚度：1.2mm 厚 SBS 高聚物改性沥青防水卷材 2. 防水层数：5 层	m²	283.22			
27	010904002001	卫生间地面涂膜防水	1. 防水膜品种：合成树脂 2. 涂膜厚度、遍数：一布四涂防水层 3. 反边高度：1.50m	m²	34.52			
		分部小计						
		楼地面装饰工程						
28	011102003001	块料地面面层	1. 找平层厚度、砂浆配合比：1:3 水泥砂浆 20mm 2. 结合层厚度、砂浆配合比：1:2 水泥砂浆 20mm 3. 面层材料品种、规格、颜色：600mm×600mm 浅色地砖	m²	500.59			
29	011106002001	块料楼梯面层	1. 找平层厚度、砂浆配合比：1:3 水泥砂浆 20mm 2. 结合层厚度、砂浆配合比：1:2 水泥砂浆 20mm 3. 面层材料品种、规格、颜色：300mm×300mm 浅色地砖	m²	12.74			
30	011107002001	块料台阶面层	1. 找平层厚度、砂浆配合比：1:3 水泥砂浆 20mm 2. 结合层厚度、砂浆配合比：1:2 水泥砂浆 20mm 3. 面层材料品种、规格、颜色：300mm×300mm 浅色地砖	m²	5.61			
		分部小计						
			本页小计					
			合　　计					

(续)

工程名称：办公楼工程　　　　　　标段：　　　　　　第 4 页　共 5 页

序号	项目编码	项目名称	项目特征描述	计量单位	工程量	金额/元		
						综合单价	合价	其中暂估价
		墙、柱面装饰与隔断、幕墙工程						
31	011201001001	混合砂浆抹内墙面	1. 墙体类型：标准砖墙 2. 底层厚度、砂浆配合比：18mm 厚、混合砂浆 1：0.5：2.5 3. 面层厚度、砂浆配合比：8mm 厚、混合砂浆 1：0.3：3	m²	786.23			
32	011201002001	外墙面水刷石	1. 墙体类型：标准砖墙 2. 底层厚度、砂浆配合比：15mm 厚、1：2.5 水泥砂浆 3. 面层厚度、砂浆配合比：10mm 厚、1：2 水泥白石子浆	m²	283.20			
		分部小计						
		天棚工程						
33	011301001001	混合砂浆抹天棚	1. 基层类型：混凝土 2. 抹灰厚度：17mm 厚 3. 砂浆配合比： 面层 5mm 厚混合砂浆 1：0.3：3 底层 12mm 厚混合砂浆 1：0.5：2.5	m²	513.33			
		分部小计						
		油漆、涂料、裱糊工程						
34	011406001001	抹灰面油漆（墙面、天棚面）	1. 基层类型：混合砂浆 2. 腻子种类：石膏腻子 3. 刮腻子遍数：2 遍 4. 油漆品种、刷漆遍数：乳胶漆、2 遍 5. 部位：墙面、天棚面	m²	1332.56			
		分部小计						
			本页小计					
			合　　计					

(续)

工程名称：办公楼工程　　　　　标段：　　　　　　　　　第 5 页　共 5 页

序号	项目编码	项目名称	项目特征描述	计量单位	工程量	金额/元		
						综合单价	合价	其中暂估价
		措施项目						
35	011701001001	综合脚手架		m²	546.02			
36	011702002001	矩形柱模板		m²	36.30			
37	011702003001	构造柱模板		m²	88.40			
38	011702006001	矩形梁模板		m²	70.40			
39	011702008001	圈梁模板		m²	75.70			
40	011702016001	平板模板		m²	218.70			
41	011702027001	台阶模板		m²	5.61			
42	011702029001	散水模板		m²	80.96			
43	011703001001	垂直运输		m²	546.02			
		分部小计						
					本页小计			
					合　　计			

第五章 工程量清单报价

表 5-22 总价措施项目清单与计价表

工程名称：办公楼工程　　　　　　　标段：　　　　　　　　　　　第1页 共1页

序号	项目编码	项目名称	计算基础	费率（%）	金额（元）	调整费率（%）	调整后金额/元	备注
1	011707001001	安全文明施工费	定额人工费					
2	011707002001	夜间施工增加费	定额人工费					
3	011707004001	二次搬运费	定额人工费					
4	011707005001	冬雨季施工增加费	定额人工费					
		合　计						

编制人（造价人员）：　　　　　　　　　　　　　　　　　　复核人（造价工程师）：

注：1 "计算基础"中安全文明施工可为"定额基价""定额人工费"或"定额人工费+定额机械费"，其他项目可为"定额人工费"或"定额人工费+定额机械费"。

　　2 按施工方案计算的措施费，若无"计算基础"和"费率"的数值，也可只填"金额"数值，但应在备注栏说明施工方案出处或计算方法。

表 5-23 暂列金额明细表

工程名称：办公楼工程　　　　　　　标段：　　　　　　　　　　　第　页 共　页

序　号	项目名称	计量单位	暂定金额/元	备　注
1	暂列金额	项	10000.00	
	合　计		10000.00	

注：此表由招标人填写，如不能详列，也可只列暂定金额总额，投标人应将上述暂列金额计入投标总价中。

137

表 5-24 其他项目清单与计价汇总表

工程名称：办公楼工程　　　　　　　标段：　　　　　　　　　第 1 页　共 1 页

序号	项目名称	金额/元	结算金额/元	备注
1	暂列金额	10000.00		明细详见表 5-23
2	暂估价			
2.1	材料（工程设备）暂估价			
2.2	专业工程暂估价			
3	计日工			
4	总承包服务费			
5	索赔与现场签证			
	合　　计			

注：材料（工程设备）暂估单价进入清单项目综合单价，此处不汇总。

表 5-25 规费、税金项目计价表

工程名称：办公楼工程　　　　　　　标段：　　　　　　　　　第 1 页　共 1 页

序号	项目名称	计算基础	计算基数	计算费率（%）	金额/元
1	规费	定额人工费			
1.1	社会保障费	定额人工费			
(1)	养老保险费	定额人工费			
(2)	失业保险费	定额人工费			
(3)	医疗保险费	定额人工费			
(4)	工伤保险费	定额人工费			
(5)	生育保险费	定额人工费			
1.2	住房公积金	定额人工费			
1.3	工程排污费	按工程所在地区规定计取			
2	税金	分部分项工程费＋措施项目费＋其他项目费＋规费－按规定不计税的工程设备金额			
	合　　计				

第五章　工程量清单报价

表 5-26　综合单价分析表

工程名称：　　　　　　　　标段：　　　　　　　　　　　　　　第　页　共　页

项目编码		项目名称			计量单位	

清单综合单价组成明细

定额编号	定额项目名称	定额单位	数量	单价/元				合价/元			
				人工费	材料费	机械费	管理费和利润	人工费	材料费	机械费	管理费和利润
人工单价			小　计								
元/工日			未计价材料费								
清单项目综合单价											

材料费明细	主要材料名称、规格、型号	单位	数量	单价/元	合价/元	暂估单价/元	暂估合价/元
	其他材料费					—	—
	材料费小计					—	—

注：1 如不使用省级或行业建设主管部门发布的计价依据，可不填写定额编号、名称等。
　　2 招标文件提供了暂估单价的材料，按暂估的单价填入表内"暂估单价"栏及"暂估合价"栏。

139

表 5-27

投 标 总 价

招 标 人：_____

工 程 名 称：_____

投 标 总 价：(小写)_____

　　　　　　(大写)_____

投 标 人：_____

　　　　　　(单位盖章)

法定代表人

或其授权人：_____

　　　　　　(签字或盖章)

编 制 人：_____

　　　　　　(造价人员签字盖专业章)

时间： 年 月 日

第五章　工程量清单报价

【问题】

1. 根据办楼工程招标工程量清单和本地区消耗量定额及工料机市场价格、管理费费率、利润率，编制综合单价分析表（采用表 5-26）。

2. 根据编制好的综合单价，进行分部分项工程和单价措施项目清单计价表的填写、计算（在表 5-21 中完成）。

3. 进行总价措施项目清单与计价表的填写、计算（在表 5-22 中完成）。

4. 进行其他项目清单与计价汇总表的填写、计算（在表 5-24 中完成）。

5. 进行规费、税金项目计价表的计算（在表 5-25 中完成）。

6. 编制单位工程投标报价汇总表（在表 5-20 中完成）。

7. 编制总说明（可参照招标工程量清单总说明）。

8. 填写投标总价封面、签字盖章（在表 5-27 中完成）。

9. 按照投标报价书的装订要求，装订成册。形成投标报价书文件。

第六章
建筑工程概预算及投资估算

 学习目标

通过本章的学习,了解建设工程概预算及投资估算的概念,能运用概算指标、概算定额或类似工程预算编制工程概算;熟悉投资估算的编制方法;掌握工程造价指数的编制方法。

第六章 建筑工程概预算及投资估算

第一节 概　　述

一、建筑工程预算的概念

建筑工程预算是建设项目预算文件的组成内容之一，是根据不同设计阶段设计文件的具体内容和地方主管部门制定的定额、指标及各项费用取费标准，预先计算和确定建筑工程所需全部投资的文件。

二、设计概算的概念

设计概算是指在初步设计阶段，由设计单位根据初步设计或扩大初步设计图纸，概算定额或概算指标，各项费用定额或取费标准，建设地区的自然条件、技术经济条件及设备预算价格等资料，预先计算和确定工程项目全部费用的文件。

三、投资估算的概念

投资估算一般是指在基本建设前期工作（规划、项目建议书和可行性研究）阶段，建设单位向国家申请拟立项进行决策时，确定建设项目在规划、项目建议书、可行性研究等不同阶段的相应投资总额而编制的经济文件。

四、建筑工程概预算编制方法

1. 建筑工程概算的编制方法

（1）扩大单价法　扩大单价法又叫概算定额法，它是采用概算定额编制建筑工程概算的方法，类似用预算定额编制建筑工程预算。根据初步设计图纸资料和概算定额的项目划分计算出工程量，然后套用概算定额单价（基价）计算汇总后，再计取有关费用，便可得出单位工程概算造价。

（2）概算指标法　概算指标法是用拟建的厂房、住宅的建筑面积或体积乘以技术条件相同或基本相同的概算指标编制概算的方法。

（3）类似工程预算法　类似工程预算法是利用技术条件与设计对象相类似的已完工程或在建工程的工程造价资料来编制拟建工程设计概算的方法。

2. 建筑工程预算的编制方法

（1）单价法　单价法是用事先编制好的分项工程的单位估价表来编制施工图预算的方法。

（2）实物法　实物法是首先根据施工图分别计算出分项工程量，然后套用相应预算人工、材料、机械台班的定额用量，再分别乘以工程所在地当时的人工、材料、机械台班的实际单价，求出单位工程的人工费、材料费和施工机械使用费，并汇总求和，进而求得直接费，按规定计取其他各项费用，最后汇总就可得出单位工程施工图预算造价。

五、建设项目投资估算方法

1. 静态投资的估算方法

(1) 生产能力指数法 这种方法是利用已经建成项目的投资额或其生产装置投资额，估算同类而不同生产能力的项目投资或其生产装置投资的方法，其计算公式为

$$C_2 = C_1(Q_2/Q_1)^n f$$

式中 C_1——已建同类型项目或装置的投资额；

C_2——拟建项目或装置的投资额；

Q_1——已建同类型项目或装置的生产能力；

Q_2——拟建项目或装置的生产能力；

f——价格调整系数；

n——生产能力指数，$0 \leqslant n \leqslant 1$。

(2) 资金周转率法 这种方法是从资金周转率的定义推算出建设费用即投资额的一种方法。当资金周转率为已知时，其计算公式为

$$C = (Q \times P)/T$$

式中 C——拟建项目投资额；

Q——产品的年产量；

P——产品单价；

T——资金周转率，T = 年销售总额/总投资。

(3) 比例估算法 这种方法是以拟建项目或生产装置的设备费为基数，根据已建成的同类项目的建筑安装工程费和其他费用等占设备价值的百分比，求出相应的建筑安装工程费及其他有关费用，其总和即为拟建项目或装置的投资额。

(4) 指标估算法 这种方法是根据编制的各种具体的投资估算指标，进行单位工程投资的估算。在此基础上，可汇总成某一单项工程的投资，另外再估算工程建设其他费用及预备费，即求得所需的投资。

2. 价差预备费、建设期贷款利息及固定资产投资方向调节税的估算方法

(1) 价差预备费 价差预备费估算的计算公式为

$$PF = \sum_{t=0}^{n} I_t [(1+f)^2 - 1]$$

式中 PF——价差预备费；

n——建设期年数；

I_t——建设期中第 t 年的投资计划额，包括设备及工器具购置费、建筑安装工程费、工程建设其他费用及基本预备费用；

f——年均投资价格上涨率。

(2) 建设期贷款利息 当总贷款是分年均衡发放时，建设期利息的计算可按当年借款在年中支用考虑，即当年贷款按半年计息，上年贷款按全年计息。其计算公式为

$$q_j = (P_{j-1} + 0.5A_j)i$$

式中 q_j——建设期第 j 年应计利息；

P_{j-1}——建设期第 ($j-1$) 年末贷款累计金额与利息累计金额之和；

A_j——建设期第 j 年贷款金额；

i——年利率。

(3) 固定资产投资方向调节税　对固定资产投资方向调节税进行估算时，计税基数为年度固定资产投资计划额，按分年的单位工程投资额乘以相应税率计算。其计算公式为

固定资产投资方向调节税 =（工程费用 + 其他费用 + 预备费）× 固定资产投资方向调节税税率

自 2000 年起，暂停征收固定资产投资方向调节税。

六、工程造价指数编制方法

工程造价指数一般应按各主要构成要素（建筑安装工程造价、设备工器具购置费和工程建设其他费用）分别编制价格指数，然后汇总得到工程造价指数。

(1) 人工、机械台班、材料等要素价格指数的编制　其计算公式为

$$\text{材料（人工、机械台班）价格指数} = P_n / P_0$$

式中　P_0——基期人工费、施工机械台班和材料预算价格；

P_n——报告期人工费、施工机械台班和材料预算价格。

(2) 建筑安装工程造价指数的编制　其计算公式为

$$\begin{aligned}\text{建筑安装工程造价指数} =\ & \text{人工费指数} \times \text{基期人工费用占建筑安装工程造价比例} + \\ & \sum \left(\text{单项材料价格指数} \times \text{基期该单项材料费占建筑安装工程造价比例} \right) + \\ & \sum \left(\text{单项施工机械台班指数} \times \text{基期该单项机械费占建筑安装工程造价比例} \right) + \\ & \text{间接费综合指数} \times \text{基期间接费用占建筑安装工程造价比例}\end{aligned}$$

(3) 设备工器具价格指数的编制　其计算公式为

$$\text{设备工器具价格指数} = \frac{\sum (\text{报告期设备工器具单价} \times \text{报告期购置数量})}{\sum (\text{基期设备工器具单价} \times \text{报告期购置数量})}$$

(4) 工程建设其他费用价格指数的编制　其计算公式为

$$\text{工程建设其他费用价格指数} = \frac{\text{报告期每万元投资支出中其他费用}}{\text{基期每万元投资支出中其他费用}}$$

(5) 建设项目或单项工程造价指数的编制　其计算公式为

$$\begin{aligned}\text{建设项目或单位工程造价指数} =\ & \text{建筑安装工程造价指数} \times \text{基期建筑安装工程费占总造价的比例} + \sum \left(\text{单项设备价格指数} \times \text{基期该项设备费占总造价的比例} \right) + \\ & \text{工程建设其他费用指数} \times \text{基期工程建设其他费用占总造价的比例}\end{aligned}$$

第二节 案例分析

【背景】

拟建某工业建设项目，各项费用估计如下：

(1) 主要生产项目4410万元（其中：建筑工程费2550万元，设备购置费1750万元，安装工程费110万元）。

(2) 辅助生产项目3600万元（其中：建筑工程费1800万元，设备购置费1500万元，安装工程费300万元）。

(3) 公用工程2000万元（其中：建筑工程费1200万元，设备购置费600万元，安装工程费200万元）。

(4) 环境保护工程600万元（其中：建筑工程费300万元，设备购置费200万元，安装工程费100万元）。

(5) 总图运输工程300万元（其中：建筑工程费200万元，设备购置费100万元）。

(6) 服务性工程150万元。

(7) 生活福利工程200万元。

(8) 厂外工程100万元。

(9) 工程建设其他费380万元。

(10) 基本预备费为工程费用与其他工程费用合计的10%。

(11) 预计建设期内每年价格平均上涨率为6%。

(12) 建设期为2年，每年建设投资相等，所有建设投资一律为贷款，贷款年利率为11%（每半年计息1次）。

【问题】

1. 试将以上数据填入建设项目固定资产投资估算表（表6-1）。
2. 列式计算预备费、投资方向调节税、实际年贷款利率和建设期贷款利息。
3. 完成建设项目固定资产投资估算表（表6-1）。

表6-1　建设项目固定资产投资估算表　　　　　　　（单位：万元）

序号	工程费用名称	估算价值					占固定资产投资比例（%）
		建筑工程	设备购置	安装工程	其他费用	合计	
1	工程费用						
1.1	主要生产项目						
1.2	辅助生产项目						
1.3	公用工程						
1.4	环保工程						
1.5	总图运输						

（续）

序号	工程费用名称	估算价值					占固定资产投资比例（%）
		建筑工程	设备购置	安装工程	其他费用	合计	
1.6	服务性工程						
1.7	生活福利工程						
1.8	厂外工程						
2	工程建设其他费用						
	第1~2部分合计						
3	预备费						
3.1	基本预备费						
3.2	价差预备费						
	第1~3部分合计						
	占1~3部分合计的比例（%）						
4	建设期贷款利息						
	总　　计						

【分析要点】

本案例所考核的内容涉及了项目投资估算类问题的主要内容和基本知识点，本案例是在已估算出该项目各类工程费用后进行分析的。估算时，先进行各类工程费用的汇总，得到工程费用和其他费用的总和，即该项目的建设投资；然后估算拟建项目的基本预备费、价差预备费和建设期贷款利息等；最后，得到固定资产投资额。

1. 拟建项目建设投资＝建筑工程费＋设备购置费＋安装工程费＋其他费用
2. 预备费、实际年贷款利率和建设期贷款利息的计算式如下：

（1）预备费＝基本预备费＋价差预备费

基本预备费＝项目建设投资×基本预备费率

价差预备费 $PF = \sum_{t=0}^{n} I_t [(1+f)^t - 1]$

（2）年实际贷款利率 $= (1 + r/m)^m - 1$

式中　r——名义年利率；

　　　m——每年计息次数。

（3）建设期贷款利息 $= \dfrac{\sum(年初累计借款 + 本年新借款)}{2} \times$ 年实际贷款利率

3. 固定资产投资＝建设投资＋预备费＋建设期贷款利息

【答案】

问题1

各类数据填入项目总投资估算表，见表6-2。

表 6-2 项目总投资估算表　　　　　　　　　　（单位：万元）

序号	工程费用名称	估算价值					占固定资产投资比例（%）
		建筑工程	设备购置	安装工程	其他费用	合计	
1	工程费用	6500	4150	710		11360	68.74
1.1	主体工程	2550	1750	110		4410	
1.2	辅助工程	1800	1500	300		3600	
1.3	公用工程	1200	600	200		2000	
1.4	环保工程	300	200	100		600	
1.5	总图运输	200	100			300	
1.6	服务性工程	150				150	
1.7	生活福利工程	200				200	
1.8	厂外工程	100				100	
2	工程建设其他费用				380	380	2.30
	第 1~2 部分合计	6500	4150	710	380	11740	
3	预备费				2360	2360	14.28
3.1	基本预备费				1174	1174	
3.2	价差预备费				1186	1186	
	第 1~3 部分合计	6500	4150	710	2740	14100	
	占 1~3 部分合计的比例（%）	46.1	29.4	5.04	19.43		
4	建设期贷款利息				1720	1720	10.41
	总　　计	6500	4150	710	4460	15820	

问题 2

基本预备费 = 11740 万元 × 10% = 1174 万元

价差预备费 = $\dfrac{(11740+1174) \text{ 万元}}{2} \times [(1+6\%)^1 - 1] + \dfrac{(11740+1174) \text{ 万元}}{2} \times [(1+6\%)^2 - 1]$ = 1186 万元

年实际贷款利率 = $\left(1 + \dfrac{11\%}{2}\right)^2 - 1 = 11.3\%$

贷款利息计算如下：

第 1 年贷款利息 = $\dfrac{1}{2} \times \dfrac{14805 \text{ 万元}}{2} \times 11.3\%$ = 418 万元

第 2 年贷款利息 = $\left[\left(\dfrac{14805}{2} + 418\right) + \dfrac{1}{2} \times \dfrac{14805}{2}\right]$ 万元 × 11.3% = 1302 万元

问题 3

项目总投资估算表见表 6-2。

第六章 建筑工程概预算及投资估算

案例二

【背景】

拟建砖混结构住宅工程建筑面积 3420m²，结构形式与已建成的 A 工程相同，只有外墙保温贴面不同，其他部分均较为接近。A 工程外墙为珍珠岩板保温、水泥砂浆抹面，每平方米建筑面积消耗量分别为：0.044m³、0.842m²，珍珠岩板 153.1 元/m³、水泥砂浆 8.95 元/m²。拟建工程外墙为加气混凝土保温墙、外贴釉面砖，每平方米建筑面积消耗量分别为：0.08m³、0.82m²，加气混凝土保温墙 185.48 元/m³、贴釉面砖 49.75 元/m²。A 工程单方造价 588 元/m²，其中，人工费、材料费、机械费、措施费、规费、企业管理费、利润和税金占单方造价比例分别为 11%、62%、6%、3.6%、4.987%、5%、4% 和 3.413%，拟建工程与 A 工程预算造价在这几方面的差异系数分别为：2.01、1.06、1.92、1.54、1.02、1.01、0.87 和 1.0。

【问题】

1. 应用类似工程预算法确定拟建工程的单位工程概算造价。

2. 若 A 工程预算中，每平方米建筑面积主要资源消耗为：人工 5.08 工日，钢材 23.8kg，水泥 205kg，原木 0.05m³，铝合金门窗 0.24m²，其他材料费为主材费 45%，机械费占定额直接费 8%。拟建工程主要资源的现行预算价格分别为：人工 22.00 元/工日，钢材 3.1 元/kg，水泥 0.35 元/kg，原木 1400 元/m³，铝合金门窗平均 350 元/m²，拟建工程综合费率 22%。应用概算指标法，确定拟建工程的单位工程概算造价。

【分析要点】

本案例着重考核利用类似工程预算法和概算指标法编制拟建工程概算的方法。

1. 首先根据类似工程背景材料，计算拟建工程的概算指标。

拟建工程概算指标 = 类似工程单方造价 × 综合差异系数 k

$k = a\% \times k_1 + b\% \times k_2 + c\% \times k_3 + d\% \times k_4 + e\% \times k_5 + f\% \times k_6 + g\% \times k_7 + h\% \times k_8$

式中 $a\%$、$b\%$、$c\%$、$d\%$、$e\%$、$f\%$、$g\%$、$h\%$ ——分别为类似工程预算人工费、材料费、机械费、措施费、规费、企业管理费、利润和税金占单位工程造价比例；

k_1、k_2、k_3、k_4、k_5、k_6、k_7、k_8 ——分别为拟建工程地区与类似工程地区在人工费、材料费、机械费、措施费、规费、企业管理费、利润和税金等方面差异系数。

然后，针对拟建工程与类似工程的结构差异，修正拟建工程的概算指标。

修正概算指标 = 拟建工程概算指标 + 换入结构指标 − 换出结构指标

拟建工程概算造价 = 拟建工程修正概算指标 × 拟建工程建筑面积

2. 首先根据类似工程预算中每平方米建筑面积的主要资源消耗和现行预算价格，计算拟建工程单位建筑面积的人工费、材料费、机械费。

人工费 = 每平方米建筑面积人工消耗指标 × 现行人工工日单价

材料费 = ∑（每平方米建筑面积材料消耗指标 × 相应材料预算价格）

机械费 = ∑（每平方米建筑面积机械台班消耗指标 × 相应的机械台班单价）

然后，按照所给综合费率计算拟建单位工程概算指标、修正概算指标和概算造价。
单位工程概算指标＝（人工费＋材料费＋机械费）×（1＋综合费率）
单位工程修正概算指标＝拟建工程概算指标＋换入结构指标－换出结构指标
拟建工程概算造价＝拟建工程修正概算指标×拟建工程建筑面积

【答案】

问题 1

应用类似工程预算法确定拟建工程的单位工程概算造价。
综合差异系数 k 计算如下：
$k = 11\% \times 2.01 + 62\% \times 1.06 + 6\% \times 1.92 + 3.6\% \times 1.54 + 4.987\% \times$
　　$1.02 + 5\% \times 1.01 + 4\% \times 0.87 + 3.413\% \times 1.00$
　$= 1.22$
拟建工程概算指标 $= 588$ 元/m² $\times 1.22 = 717.36$ 元/m²
结构差异额 $= [0.08 \times 185.48 + 0.82 \times 49.75 - (0.044 \times$
　　　　　　　$153.1 + 0.842 \times 8.95)]$ 元/m²
　　　　　　$= 41.36$ 元/m²
修正概算指标 $=(717.36 + 41.36)$ 元/m² $= 758.72$ 元/m²
拟建工程概算造价 = 拟建工程建筑面积 × 修正概算指标
　　　　　　　　$= 3420 \text{m}^2 \times 758.72$ 元/m² $= 2594822.40$ 元 ≈ 259.48 万元

问题 2

（1）计算拟建工程每平方米建筑面积的人工费、材料费和机械费
人工费 $= 5.08 \times 22.00$ 元 $= 111.76$ 元
材料费 $=(23.8 \times 3.1 + 205 \times 0.35 + 0.05 \times$
　　　　$1400 + 0.24 \times 350)$ 元 $\times (1 + 45\%)$
　　　$= 434.32$ 元
机械费 = 定额直接费 × 8%
概算定额直接费 $= 111.76$ 元 $+ 434.32$ 元 + 定额直接费 × 8%
概算定额直接费 $= [(111.76 + 434.32)/(1 - 8\%)]$ 元/m² $= 593.57$ 元/m²
（2）计算拟建工程概算指标、修正概算指标和概算造价
概算指标 $= 593.57$ 元/m² $\times (1 + 22\%) = 724.16$ 元/m²
修正概算指标 $=(724.16 + 41.36)$ 元/m² $= 765.52$ 元/m²
拟建工程概算造价 $= 3420 \text{m}^2 \times 765.52$ 元/m² $= 2618078.40$ 元 $= 261.81$ 万元

案例三

【背景】

根据某基础工程的工程量和《全国统一建筑工程基础定额》消耗指标进行工料分析，计算得出各项资源消耗量及该地区相应的预算价格如表6-3所示。该地区定额规定，按三类工程取费，各项费用的费率为：措施费率 7.32%，间接费率 12.92%，利润率 6%，税率 3.413%。

【问题】

试用实物法列表编制该基础工程的施工图预算。

第六章 建筑工程概预算及投资估算

表 6-3 资源消耗量及预算价格表

资源名称	单位	消耗量	单价/元	资源名称	单位	消耗量	单价/元
32.5 水泥	kg	1740.84	0.25	卷扬机	台班	0.861	72.57
42.5 水泥	kg	18101.65	0.27	钢筋切断机	台班	0.279	161.47
52.5 水泥	kg	8349.76	0.30	水	m^3	42.90	1.24
净砂	m^3	70.76	30.00	电焊条	kg	12.98	6.67
碎石	m^3	40.23	41.20	草袋子	m^3	24.30	0.94
钢模	kg	152.96	3.95	黏土砖	千块	109.07	100.00
钢筋φ10 以上	t	1.884	2497.86	隔离剂	kg	20.32	2.00
砂浆搅拌机	台班	8.12	42.84	铁钉	kg	61.57	5.70
5t 载重汽车	台班	0.498	310.59	钢筋φ10 以内	t	1.105	2335.45
木工圆锯	台班	0.036	171.28	钢筋弯曲机	台班	0.667	152.22
翻斗车	台班	1.626	101.59	插入式振动器	台班	3.237	11.82
木模	m^3	0.405	1242.62	平板式振动器	台班	0.418	13.57
镀锌铁丝	kg	146.58	5.41	电动打夯机	台班	85.03	23.12
灰土	m^3	54.74	25.24	综合工日	工日	1707.84	28.00
混凝土搅拌机	台班	2.174	152.15				

【分析要点】

实物法编制施工图预算,是市场经济发展需要;是我国造价管理改革的必然趋势。

(1) 本案例已根据《全国统一建筑工程基础定额》消耗指标,进行了工料分析,并得出各项资源的消耗量和该地区相应的预算价格表,见表 6-3。在此基础上可直接利用表 6-3 计算出该基础工程的人工费、材料费和机械费。

(2) 按背景材料给定费率计算各项费用,并汇总得出该基础工程的施工图预算造价。

1) 直接工程费 = Σ(人工消耗量×当时当地人工工资单价) + Σ(材料消耗量×当时当地预算单价) + Σ(机械台班消耗量×当时当地机械台班单价)

2) 措施费 = 直接工程费×措施费率(或按当地造价管理部门规定计算)

3) 直接费 = 直接工程费 + 措施费

4) 间接费 = 直接费×间接费率

5) 利润 = 直接费×利润率

6) 税金 = (直接费 + 间接费 + 利润)×税率

7) 含税造价 = 直接费 + 间接费 + 利润 + 税金

【答案】

(1) 根据表 6-3 中的各种资源的消耗量和预算价格,列表计算该基础工程的人工费、材料费和机械费,见表 6-4。

计算结果:人工费:47819.52 元

材料费:33637.81 元

机械费:3223.54 元

直接费 = (47819.52 + 33637.81 + 3223.54)元 = 84680.87 元

表 6-4 某基础工程人、材、机费用计算表

资源名称	单位	消耗量	单价/元	合价/元	资源名称	单位	消耗量	单价/元	合价/元
3.25 水泥	kg	1740.84	0.25	435.21	钢筋φ10 以上	t	1.884	2497.86	4705.97
42.5 水泥	kg	18101.65	0.27	4887.45	材料费合计				33637.81
52.5 水泥	kg	8349.76	0.30	2504.93	砂浆搅拌机	台班	8.12	42.84	347.86
净砂	m³	70.76	30.00	2122.80	5t 载重汽车	台班	0.498	310.59	154.67
碎石	m³	40.23	41.20	1657.48	木工圆锯	台班	0.036	171.28	6.17
钢模	kg	152.96	3.95	604.19	翻斗车	台班	1.626	101.59	165.19
木模	m³	0.405	1242.62	503.26	混凝土搅拌机	台班	2.174	152.15	330.77
镀锌铁丝	kg	146.58	5.41	793.00	卷扬机	台班	0.861	72.57	62.48
灰土	m³	54.74	25.24	1381.64	钢筋切断机	台班	0.279	161.47	45.05
水	m³	42.90	1.24	53.20	钢筋弯曲机	台班	0.667	152.22	101.53
电焊条	kg	12.98	6.67	86.58	插入式振动器	台班	3.237	11.82	38.26
草袋子	m³	24.30	0.94	22.84	平板式振动器	台班	0.418	13.57	5.67
黏土砖	千块	109.07	100.00	10907.00	电动打夯机	台班	85.03	23.12	1965.89
隔离剂	kg	20.32	2.00	40.64	机械费合计				3223.54
铁钉	kg	61.57	5.70	350.95	综合工日	工日	1707.84	28.00	47819.52
钢筋φ10 以内	t	1.105	2335.45	2580.67	人工费合计				47819.52

(2) 根据表 6-4 计算求得的人工费、材料费、机械费和背景材料给定的费率计算该基础工程的施工图预算造价,见表 6-5。

表 6-5 某基础工程施工预算费用计算表

序 号	费用名称	费用计算表达式	金额/元	备 注
(1)	直接工程费	人工费 + 材料费 + 机械费	84680.87	
(2)	措施费	(1) × 7.32%	6198.64	
(3)	直接费	(1) + (2)	90879.51	
(4)	间接费	(3) × 12.92%	11741.63	
(5)	利润	[(3) + (4)] × 6%	6157.27	
(6)	税金	[(3) + (4) + (5)] × 3.413%	3712.61	
(7)	预算造价	(3) + (4) + (5) + (6)	112491.02	

练习题一

【背景】

某建设项目,有关数据资料如下:

(1) 项目的设备及工器具购置费为 2400 万元。

(2) 项目的建筑安装工程费为 1300 万元。

（3）项目的工程建设其他费用为 800 万元。

（4）基本预备费费率为 10%。

（5）年均价格上涨率为 6%。

（6）项目建设期为 2 年，第 1 年建设投资为 60%，第 2 年建设投资为 40%，建设资金第 1 年贷款1200万元，第 2 年贷款 700 万元，贷款年利率为 8%，计息周期为半年。

（7）设备购置费中的国外设备购置费 90 万美元为自有资金，估算投资时的汇率为 1 美元 = 6.5 元人民币，于项目建设期第一年末投资，项目建设期内人民币升值，汇率年均上涨5%。

【问题】

1. 项目的基本预备费应是多少？
2. 项目的静态投资是多少？
3. 项目的价差预备费是多少？
4. 项目建设期贷款利息是多少？
5. 汇率变化对建设项目的投资额影响有多大？
6. 项目投资的动态投资是多少？

练习题二

【背景】

某室内热水采暖系统中部分工程图如图 6-1 ~ 图 6-4 所示，管道采用焊接钢管。安装完毕管外壁刷油防腐，竖井及地沟内的主干管设保温层 50mm 厚。管道支架按每米管道 0.5kg 另计。底层采用铸铁四柱（M813）散热器，每片长度 57mm；二层采用钢制板式散热器；三层采用钢制光排管散热器（图6-4），无缝钢管现场制作安装。每组散热器均设一手动放气阀。散热器进出水支管间距均按 0.5m 计，各种散热器均布置在房间正中窗下。管道除标注 DN50（外径为 60mm）的外，其余均为 DN20（外径为 25mm）。

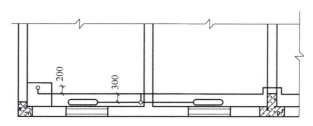

图 6-1　顶层采暖平面图

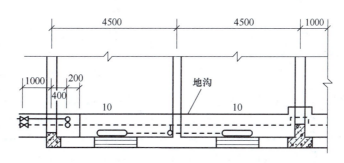

图 6-2　底层采暖平面图

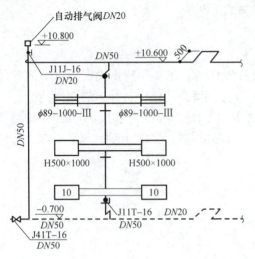

图 6-3 部分采暖系统图

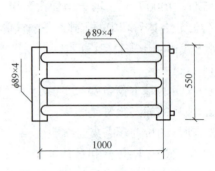

图 6-4 钢制光排管散热器

若该采暖安装工程直接工程费为 29625 元,其中定额工日 125 个,人工费单价 25 元/工日。采暖工程脚手架搭拆费按直接工程费中人工费的 5% 计算(其中人工费占 25%),综合措施费按直接工程费中人工费的 15% 计算(其中人工费占 25%)。间接费、利润、税金的费率分别为 90%、52%、3.35%。

【问题】

依据《全国统一安装工程预算工程量计算规则》,计算并复核"采暖安装工程量计算表"(表 6-6)中所列的内容,并将错误予以修正(注:进水管与回水管以外墙中心线以外 1.00m 为界,计算结果保留小数点后 2 位)。

表 6-6 采暖安装工程量计算表

序号	分项工程名称	单位	工程量	计算过程
1	焊接钢管 DN50	m	33.3	水平管:$(1+4.5+4.5+1) \times 2 = 22$ 立　管:$(0.7+10.6) = 11.3$ 合　计:$22+11.3 = 33.3$
2	焊接钢管 DN20	m	31.66	主　管:$(10.6+0.7)-(3 \times 0.5) = 9.8$ 水平管:$[(4.5-1)+(4.5-1)+(4.5-0.057 \times 10)] \times 2 = 21.86$ 合　计:31.66
3	法兰阀门 DN50	个	2	1+1
4	法兰 DN50	副	2	1+1
5	螺纹阀门 DN20	个	2	1+1

(续)

序 号	分项工程名称	单 位	工 程 量	计 算 过 程
6	铸铁四柱散热器	组	2	1 + 1
7	钢制板式散热器	组	2	1 + 1
8	钢制光排管散热器	组	2	1 + 1
9	采暖管道防腐	m²	7.22	$DN50$：$33.3 \times \pi \times 0.05 = 5.23$ $DN20$：$31.66 \times \pi \times 0.02 = 1.99$ 合计：7.22
10	管道保温	m²	0.43	$DN50$：$(33.3 - 4.5 - 4.5 - 1 + 0.4)\,m = 23.7\,m$ $V = [(0.06 + 0.05 \times 2)^2 - (0.05^2)] \times \pi \times 23.7/4 = 0.43$
11	手动放风阀	个	6	
12	自动排气阀 $DN20$	个	1	
13	支架制安	kg	32.48	$(33.3 + 31.66) \times 0.5 = 32.48$

注：复核结果填在"单位"、"工程量"、"计算过程"相应项目栏的下栏中。

练习题三

【背景】

某工业企业拟新建一幢五层框架结构综合车间。第1层外墙围成的面积为286m²；主入口处为一有柱雨篷，柱外围水平面积12.8m²；伸出外墙2.3m，水平投影面积16.8m² 主入口处平台及踏步台阶水平投影面积21.6m²；第2～5层每层外墙围成的面积为272m²；第2～5层每层有1个悬挑式半封闭阳台，每个阳台的水平投影面积为6.4m²；屋顶有一出屋面楼梯间，水平投影面积24.8m²。

【问题】

1. 该建筑物的建筑面积为多少？

2. 利用表6-7分别按土建和安装专业编制单位工程预算费用计算表。

（1）土建专业：假定该工程的土建工程直接工程费为935800元。该工程取费系数为：措施费率7.10%，间接费率10.26%，利润率4%，税率3.35%。

（2）安装专业：假定该工程的水、暖、电工程直接工程费为410500元，其中人工费为34210元。该工程取费系数为：措施费率33.2%（其中人工费占25%），间接费率72.30%，利润率52%，税率3.35%。

表 6-7　　　　　　单位工程预算费用计算表　　　　　　（单位：元）

序　号		
1		
2		
3		
4		
5		
6		
7		

3. 根据问题 2 的计算结果和表 6-8 所示的土建、水暖电和工器具等单位工程造价占单项工程综合造价的比例确定各单项工程综合造价。

表 6-8　土建、水暖电和工器具等造价占单项工程综合造价的比例

专业名称	土　建	水　暖　电	工　器　具	设　备　购　置	设　备　安　装
所占比例（%）	41.25	17.86	0.5	35.39	5

第七章
建设工程施工招标与投标

 学习目标

通过本章的学习，了解建设工程施工招标与投标的概念及程序；了解控制价与投标报价的编制方法；掌握综合评分法的评标过程与方法。

第一节 概　述

一、建设工程施工招标与投标的概念

建设工程施工招标与投标是用于建设工程交易的一种市场行为。其特点是由固定的买主设定包括商品质量、价格、期限为主的标底，邀请若干卖主通过秘密报价，由买主择优选优胜者，与其达成交易协议，签订工程承包合同，最后按合同实现标的的竞争过程。

二、建设工程施工招标与投标的程序

1. 建设工程施工招标程序

建设工程施工招标一般采用公开招标和邀请招标两种方式。

（1）公开招标　公开招标的一般程序如下：

1）申报招标项目，由招标办公室发布招标信息。

2）组织招标工作小组，并报上级主管部门核准。

3）对报名的投标单位进行资格审查，确定投标单位后，分发招标文件，并收取投标保证金。

4）组织投标单位进行现场踏勘和对招标文件答疑。

5）确定评标办法，公开开标和评审投标的文件。

6）召开决标会，确定中标单位。

7）发出中标通知书，收回未中标单位领取的招标资料和图纸，退还投标保证金。

8）与中标单位签订工程施工承包合同。

（2）邀请招标　邀请招标的工程通常是保密或有特殊要求的工程，或者规模小、内容简单的工程。邀请招标程序与公开招标程序基本相同。

注意被邀请参加投标的施工企业不得少于3个。

2. 建设工程施工投标程序

建设工程施工投标的主要程序如下：

1）根据招标公告、有关信息及业主的资信可靠情况，选择投标项目。

2）精心挑选精干且富有经验的工作人员组成投标工作小组。

3）领取或购买招标文件。

4）熟悉和研究招标文件。

5）勘察施工现场。

6）参加招标单位组织的答疑会。

7）编制施工组织设计。

8）编制标价。

9）研究和确定投标策略。

10）调整标价。

11）确认合同主要条款。

12）编写标书综合说明。
13）审核标书后，按规定时间送达指定地点。
14）参加开标、评标会议。
15）收到中标通知书后，签订工程承包合同。

三、招标控制价、投标报价编制方法

1. 招标控制价

（1）招标控制价的概念

招标人根据国家或省级、行业建设主管部门颁发的有关计价依据和方法，按设计施工图计算的，对招标工程限定的最高工程造价称招标控制价。

国有资金投资的工程建设项目应实行工程量清单招标，并应编制招标控制价。招标控制价超过批准的概算时，招标人应将其报原概算审批部门审核。

投标人的投标报价高于招标控制价的，其投标应予以拒绝。

（2）招标控制价的编制依据

招标控制价的编制依据如下：

1）《建设工程工程量清单计价规范》（GB 50500—2013）。
2）国家或省级、行业建设主管部门颁发的计价定额和计价办法。
3）建设工程设计文件及相关资料。
4）招标文件中的工程量清单及有关要求。
5）与建设项目相关的标准、规范、技术资料。
6）工程造价管理机构发布的工程造价信息，工程造价信息没有发布的参照市场价。
7）其他相关资料。

（3）招标控制价的编制方法

招标控制价与投标报价的编制方法基本相同，其主要步骤是：

1）计算分部分项工程量清单综合单价，并计算分部分项工程量清单与计价表。
2）计算措施项目清单综合单价，并计算措施项目清单与计价表。
3）计算其他项目清单与计价汇总表。
4）计算规费、税金项目清单与计价表。
5）计算单位工程招标控制价汇总表。
6）计算单项工程招标控制价汇总表。
7）编写总说明、填写招标控制价封面。

2. 投标报价

（1）投标报价的概念

投标报价是指投标人投标时报出的工程造价。

除《建设工程工程量清单计价规范》（GB 50500—2013）强制性规定外，投标报价由投标人自主确定，但不得低于成本。

（2）投标报价的编制依据

投标报价的主要依据如下：

1）《建设工程工程量清单计价规范》（GB 50500—2013）。

2）国家或省级、行业建设主管部门颁发的计价办法。
3）企业定额，国家或省级、行业建设主管部门颁发的计价定额。
4）招标文件、工程量清单及其补充通知、答疑纪要。
5）建设工程设计文件及相关资料。
6）施工现场情况、工程特点及拟定的投标施工组织设计或施工方案。
7）与建设项目相关的标准、规范、技术资料。
8）市场价格信息或工程造价管理机构发布的工程造价信息。
9）其他相关资料。

（3）投标报价的编制方法

投标报价采用"清单计价"方式编制，主要步骤包括：

1）根据分部分项工程量清单和选用的计价定额，计算计价工程量。
2）根据工程量清单、计价工程量、计价定额，编制分部分项工程量清单综合单价。
3）根据综合单价和分部分项工程量清单，计算分部分项工程量清单与计价表。
4）编制措施项目清单的综合单价，并计算措施项目清单与计价表。
5）确定暂列金额、专业工程暂估价和计日工单价，并计算其他项目清单与计价汇总表。
6）计算规费、税金项目清单与计价表。
7）计算单位工程投标报价汇总表。
8）计算单项工程投标报价汇总表。
9）编写总说明、填写投标总价封面。

四、评标方法简介

1. 综合评分法

综合评分法是分别对各投标单位的标价、质量、工期、施工方案、社会信誉、资金状况等几个方面进行评分，选择总分最高的单位为中标单位的评标方法。综合评分法量化指标计算方法见表7-1。

2. 合理低价法

在技术标通过的情况下，在保证质量、工期等条件下，选择合理低价的投标单位为中标单位。

3. 费率评标法

确定应采用的定额、费率、人工、材料、机械台班单价以及造价计算程序等标准后，选择费率降低到合理最低的投标单位为中标单位。

表7-1 综合评分法量化指标计算方法

评标指标	计算方法
相对报价 x_p	$x_p = \dfrac{标底 - 标价}{标底} \times 100 + 90$ （当 $0 \leq \dfrac{标底 - 标价}{标底} \times 100 \leq 10$ 时有效）
工期分 x_t	$x_t = \dfrac{招标工期 - 投标工期}{招标工期} \times 100 + 75$ （当 $0 \leq \dfrac{招标工期 - 投标工期}{招标工期} \times 100 \leq 25$ 时有效）

第七章 建设工程施工招标与投标

（续）

评标指标	计算方法			
工程优良率 x_q	$x_q = \dfrac{\text{上年度优良工程竣工面积}}{\text{上年度承建工程竣工面积}} \times 100$			
企业信誉 x_n （$x_n = x_1 + x_2$）	项目	等级	分值	
	上年度获荣誉称号（x_1）	省部级 市级 县级	50 40 30	
	上年度获工程质量奖（x_2）	省部级 市级 县级	50 40 30	

第二节 案例分析

【背景】

某学院为了满足扩大招生后正常上课的需要，计划在新学年开学前完成一幢教学大楼的建设任务。该项目由政府投资，是该市建设规划的重点项目之一，且已列入年度固定资产投资计划，设计概算已由主管部门批准，征地工作正在进行，施工图及有关资料齐全，现决定对该项目进行施工公开招标。

由于估计参加投标的施工企业除了国有大型企业外，还有中小型股份制企业，所以业主委托咨询单位编制了两个标底，准备分别用于两个不同类型施工企业投标价的评定。业主对投标单位就招标文件提出的问题统一作了书面答复，并以备忘录的形式分发给各投标单位，并说明了哪条是哪个单位在什么时候提出的什么问题。

由于建设工期紧迫，业主要求各投标单位收到招标文件后，15天内完成投标文件制作，第 15 天的下午 5 点为提交投标文件截止时间。

【问题】

1. 该项工程标底应采用什么方法编制？简述理由。
2. 业主对投标单位进行的资格预审应包括哪些内容？
3. 该招标项目在哪些方面存在问题与不当之处？请逐一说明。

【分析要点】

本案例考核工程施工招标在开标前的有关问题，主要考核招标需具备的条件、招标程序、标底编制、投标单位资格预审等问题，要求根据《中华人民共和国招标投标法》和其他法律法规文件的规定，正确分析工程招标投标过程中存在的问题。因此，在答题时，要根据本案例背景给定的条件回答，回答时不仅要指出错误之处，而且要说明其错误原因。

【答案】
问题1
由于该项目是政府投资且施工图及有关技术资料齐全，所以必须采用工程量清单计价法编制标底。

问题2
业主对投标单位进行的资格预审包括：投标单位组织机构与企业概况；近三年来完成工程的情况，包括建筑面积、工程质量、工程类型等；目前正在履行的合同情况；资源方面包括财务状况、管理水平、技术水平、劳动力资源、设备状况；其他资料，如获得的各项奖励等。

问题3
该项目施工招标存在以下几个方面的问题：

（1）本项目征地工作尚未全部完成，不具备施工招标的必要条件，因而不能进行施工招标。

（2）不能编制两个标底，因为招标投标法规定，一个工程只能编制一个标底，不能对不同的投标单位采用不同的标底进行评标。

（3）业主只能针对投标单位提出的具体问题做出明确的答复，但不应提及具体的投标单位。因为按《中华人民共和国招标投标法》第二十二条规定，"招标人不得向他人透露已获取招标文件的潜在投标人的名称、数量以及可能影响公平竞争的有关招标投标的其他情况"。

（4）《中华人民共和国招标投标法》第二十四条规定，"自招标文件开始发出之日起至投标人提交投标文件截止之日止，最短不得少于二十日"，本项目规定用15天时间完成并递交投标文件是不合理的。

案例二

【背景】
某住宅工程，标底价为4500万元，标底工期为360天。各评标指标的相对权重为：工程报价40％；工期10％；质量35％；企业信誉15％。各承包商投标报价等情况见表7-2。

表7-2 投标报价等情况一览表

投标单位	工程报价/万元	投标工期/天	上年度优良工程建筑面积/m²	上年度承建工程建筑面积/m²	上年度获荣誉称号	上年度获工程质量奖
A	4460	320	24000	50600	市级	市级
B	4530	300	46000	60800	省部级	市级
C	4290	270	18000	43200	市级	县级
D	4100	280	21500	71200	无	县级

【问题】
1. 根据综合评分法的规则，初选合格的投标单位。
2. 对合格投标单位进行综合评价，确定其中标单位。

【案例分析】
综合评分法的主要规则是：工程报价不能高于标底价，也不能低于标底价的10％；投标工期不能高于标底工期，也不能低于标底工期的25％。

(1) 根据上述评标规则，初选入围的投标单位。

(2) 根据投标报价等情况一览表和综合评分法量化指标计算方法计算各指标值。

(3) 根据量化指标计算出的各指标值和各指标的相对权重进行综合评分计算，并确定总分和名次。

【答案】

问题 1

B 投标单位的工程报价 4530 万元已超过标底价 4500 万元，故初选入围单位有 A、C、D 三个单位。

问题 2

根据投标报价等情况一览表和综合评分法量化指标计算方法计算各指标值，见表7-3。

根据投标单位各指标值和各指标权重，确定投标单位综合评分结果及名次，见表7-4。

表 7-3 投标单位各指标值

指标 投标单位	相对报价 x_p	工期分 x_t	工程优良率 x_q	企业信誉 x_n		
				荣誉称号 x_1	工程质量奖 x_2	$x_n = x_1 + x_2$
A	$\frac{4500-4460}{4500} \times 100 + 90 = 90.89$	$\frac{360-320}{360} \times 100 + 75 = 86.11$	$\frac{24000}{50600} \times 100 = 47.43$	40	40	80
C	$\frac{4500-4290}{4500} \times 100 + 90 = 94.67$	$\frac{360-270}{360} \times 100 + 75 = 100$	$\frac{18000}{43200} \times 100 = 41.67$	40	30	70
D	$\frac{4500-4100}{4500} \times 100 + 90 = 98.89$	$\frac{360-280}{360} \times 100 + 75 = 97.22$	$\frac{21500}{71200} \times 100 = 30.20$	0	30	30

表 7-4 投标单位综合评分结果及名次表

指标 投标单位	工程报价	工期	工程优良率	企业信誉	总分	名次
A	$90.89 \times 40\% = 36.36$	$86.11 \times 10\% = 8.61$	$47.43 \times 35\% = 16.60$	$80 \times 15\% = 12$	73.57	1
C	$94.67 \times 40\% = 37.87$	$100 \times 10\% = 10$	$41.67 \times 35\% = 14.58$	$70 \times 15\% = 10.5$	72.95	2
D	$98.89 \times 40\% = 39.56$	$97.22 \times 10\% = 9.72$	$30.20 \times 35\% = 10.57$	$30 \times 15\% = 4.5$	64.35	3

结论：中标单位为 A 单位。

案例三

【背景】

某写字楼工程招标，允许按不平衡报价法进行投标报价。甲承包商按正常情况计算出投标估算价后，采用不平衡报价法进行了适当调整，调整结果见表7-5。

表 7-5　采用不平衡报价法调整的某写字楼投标报价

内　容	基础工程	主体工程	装饰装修工程	总　价
调整前投标估算价/万元	340	1866	1551	3757
调整后正式报价/万元	370	2040	1347	3757
工期/月	2	6	3	
贷款月利率（%）	1	1	1	

现假设基础工程完成后开始主体工程，主体工程完成后开始装饰装修工程，中间无间歇时间，各工程中各月完成的工作量相等且能按时收到工程款。年金及一次支付的现值系数见表 7-6。

表 7-6　年金及一次支付的现值系数

期数 现值	2	3	6	8
$(P/A,1\%,n)$	1.970	2.941	5.795	7.651
$(P/F,1\%,n)$	0.980	0.971	0.942	0.923

【问题】

1. 甲承包商运用的不平衡报价法是否合理？为什么？
2. 采用不平衡报价法后甲承包商所得全部工程款的现值比原投标估价的现值增加多少元（以开工日期为现值计算点）？

【案例分析】

不平衡报价法是常用的投标报价方法，其基本原理是在总报价不变的前提下，对前期工程可能增加的工程量加大，并且提高其单价；对后期工程的工程量减少和降低单价，从而获取资金时间价值带来的收益。不平衡报价法对各部分造价的调整幅度不宜太大，通常在 10% 左右较为恰当。

在本案例中，要求熟练地运用工程经济资金时间价值的知识与方法，掌握不平衡报价法的基本原理，熟练运用等额年金现值计算公式 $P = A \dfrac{(1+i)^n - 1}{i(1+i)^n}$ 和一次支付现值的计算公式 $P = F \dfrac{1}{(1+i)^n}$。

【答案】

问题1

甲承包商将前期基础工程和主体工程的投标报价调高，将后期装饰装修工程的报价调低，其提高和降低的幅度在 10% 左右，且工程总价不变。因此，甲承包商在投标报价中所运用的不平衡报价法较为合理。

问题2

采用不平衡报价法后甲承包商所得全部工程款的现值比原投标估价的现值增加额计算如下：

（1）报价调整前的工程款现值为

基础工程每月工程款 $F_1 = 340$ 万元/2 = 170 万元
主体工程每月工程款 $F_2 = 1866$ 万元/6 = 311 万元
装饰工程每月工程款 $F_3 = 1551$ 万元/3 = 517 万元
报价调整前的工程款现值 = $F_1(P/A,1\%,2) + F_2(P/A,1\%,6)(P/F,1\%,2) + F_3(P/A,1\%,3)(P/F,1\%,8)$
  = $(170 \times 1.970 + 311 \times 5.795 \times 0.980 + 517 \times 2.941 \times 0.923)$ 万元
  = 3504.52 万元

(2) 报价调整后的工程款现值为
基础工程每月工程款 $F_1 = 370$ 万元/2 = 185 万元
主体工程每月工程款 $F_2 = 2040$ 万元/6 = 340 万元
装饰工程每月工程款 $F_3 = 1347$ 万元/3 = 449 万元
报价调整后的工程款现值 = $F_1(P/A,1\%,2) + F_2(P/A,1\%,6)(P/F,1\%,2) + F_3(P/A,1\%,3)(P/F,1\%,8)$
  = $(185 \times 1.970 + 340 \times 5.795 \times 0.980 + 449 \times 2.941 \times 0.923)$ 万元
  = 3514.17 万元

(3) 比较两种报价的差额。
两种报价的差额 = 调整后的工程款现值 – 调整前的工程款现值
  = $(3514.17 – 3504.52)$ 万元
  = 9.65 万元

结论：采用不平衡报价法后，甲承包商所得工程款的现值比原估价现值增加 9.65 万元。

练 习 题

练习题一

【背景】

某业主有一个政府投资的工程项目需建设。为了保证质量，业主邀请了技术实力和信誉俱佳的 A、B、C 三家施工承包商参加投标。在招标过程中，发出的招标文件包括施工图和材料价格，并要求各承包商按自己计算的工程量进行报价。同时，招标文件规定，按最低报价的办法确定中标单位。

【问题】

1. 该工程采用邀请招标方式且仅邀请了三家承包商投标，是否违反了规定？为什么？
2. 该项目的招标方法合理吗？如果不合理，应该如何进行招标？
3. 该项目的评标方法合理吗？如果不合理，应该如何进行评标？

练习题二

【背景】

某住宅工程,标底价为8800万元,计划工期为400天。各评标指标的相对权重为:工程报价40%;工期10%;质量35%;企业信誉15%。各承包商投标报价等情况见表7-7。

表7-7 投标报价等情况一览表

投标单位	工程报价/万元	投标工期/天	上年度优良工程建筑面积/m²	上年度承建工程建筑面积/m²	上年度获荣誉称号	上年度获工程质量奖
A	8090	370	40000	66000	市级	省部级
B	7990	360	60000	80000	省部级	市级
C	7508	380	80000	132000	市级	县级
D	8630	350	50000	71000	县级	省部级

【问题】

1. 根据综合评分法的规则,初选合格投标单位。
2. 对合格投标单位进行综合评价,确定中标单位。

练习题三

【背景】

某综合楼工程招标,允许按不平衡报价法进行投标报价。A承包商按正常情况计算出投标估算价后,采用不平衡报价法进行了适当调整,调整结果见表7-8。

表7-8 采用不平衡报价法调整的投标报价

内容	基础工程	主体工程	装饰装修工程	总价
调整前投标估算价/万元	500	4500	3000	8000
调整后正式报价/万元	550	4650	2800	8000
工期/月	4	12	8	
贷款月利率(%)	1	1	1	

现假设基础工程完成后开始主体工程,主体工程完成后开始装饰装修工程,中间无间歇时间,各工程中各月完成的工作量相等且能按时收到工程款。年金及一次支付的现值系数见表7-9。

表7-9 年金及一次支付的现值系数

现值 期数	4	8	12	16
$(P/A, 1\%, n)$	3.902	7.652	11.255	14.718
$(P/F, 1\%, n)$	0.961	0.924	0.887	0.853

【问题】

1. A 承包商运用的不平衡报价法是否合理？为什么？

2. 采用不平衡报价法后，A 承包商所得全部工程款的现值比原投标估价的现值增加多少元（以开工日期为现值计算点）？

第八章

建设工程合同管理与工程索赔

 学习目标

通过本章的学习,了解建设工程合同的概念;了解建设工程合同的分类;熟悉合同纠纷的处理,工程变更价款确定的方法和工程索赔的计算方法。

第一节 概 述

一、建设工程合同的概念

《中华人民共和国合同法》（下称《合同法》）规定：建设工程合同是承包人进行工程建设、发包人支付价款的合同。建设工程合同双方当事人应当在合同中明确各自的权利和义务，主要是承包人进行工程建设、发包人支付工程款。建设工程合同是一种诺成合同，也是一种双务、有偿合同，合同订立生效后双方应当严格履行，当事人双方在合同中都有各自的权利和义务，在享有权利的同时必须履行义务。

二、建设工程合同的分类

建设工程合同可以从不同的角度进行分类。

（1）按承发包的不同范围和数量划分　按承发包的不同范围和数量可以将建设工程合同分为建设工程总承包合同、建设工程承包合同、分包合同。

（2）按完成承包的内容来划分　按完成承包的内容可将建设工程合同分为建设工程勘察合同、建设工程设计合同和建设工程施工合同。

三、合同纠纷的处理方法

《合同法》规定，合同纠纷的处理方法有和解、调解、仲裁、诉讼四种。

1. 和解

和解是指合同当事人依据有关法律规定和合同约定，在自愿友好的基础上，互相谅解，经过谈判和磋商，自愿对争议事项达成协议，从而解决合同纠纷的一种方法。

2. 调解

调解是指在第三方的主持下，通过对当事人进行说服教育，促使双方互相作出适当的让步，自愿达成协议，从而解决合同纠纷的方法。

3. 仲裁

仲裁亦称"公断"，是双方当事人在合同纠纷发生前或纠纷发生后达成协议，自愿将纠纷交给仲裁机构作裁决，并负有自觉履行义务的解决纠纷的方法。

4. 诉讼

诉讼是通过司法程序解决合同纠纷，是合同当事人依法请求人民法院行使审判权，审理双方发生的合同纠纷，由国家强制保证实现其合法权益，从而解决争议的审判活动。

四、工程变更价款确定方法

1. 变更后合同价款的确定程序

工程变更发生后，承包人在工程变更确定后14天内，提出变更工程价款的报告，经工程师确认后调整合同价款。承包人在确定变更后14天内不向监理工程师提出变更工程价款报告时，视为该项工程变更不涉及合同价款的变更。监理工程师收到变更工程价款报告之日起7天内，予以确认。监理工程师无正当理由不确认时，自变更价款报告送达起14天后变更工程价款报告自行生效。

2. 变更合同价款的确定方法

变更合同价款按照下列方法进行：

1）合同中已有适用于变更工程的价格，按合同已有的价格计算变更合同价款。

2）合同中只有类似于变更工程的价格，可参照此价格确定变更价格，变更合同价款。

3）合同中没有适用或类似于变更工程的价格，由承包人提出适当的变更价格，经工程师确认后执行。

五、工程索赔的概念

工程索赔是在工程承包合同履行中，当事人一方由于另一方未履行合同所规定的义务或者出现了因应当由对方承担的风险而遭受损失时，向另一方提出赔偿要求的行为。我国《建设工程施工合同示范文本》中的索赔是双向的，既包括承包人向发包人的索赔，也包括发包人向承包人的索赔。

六、工程索赔的内容与分类

1. 工程索赔的内容

1）不利的自然条件与人为障碍引起的索赔。

2）工期延长和延误的索赔。

3）加速施工的索赔。

4）因施工临时中断和工效降低引起的索赔。

5）业主不正当地终止工程而引起的索赔。

6）业主风险和特殊风险引起的索赔。

7）物价上涨引起的索赔。

8）拖欠支付工程款引起的索赔。

9）法规、货币及汇率变化引起的索赔。

10）因合同条文模糊不清甚至错误引起的索赔。

2. 工程索赔的分类

（1）按索赔合同依据分类　按索赔的合同依据不同，可以将工程索赔分为合同中明示的索赔和合同中默示的索赔。

（2）按索赔目的分类　按索赔目的可以将工程索赔分为工期索赔、费用索赔。

（3）按索赔事件的性质分类　按索赔事件的性质可以将工程索赔分为工程延误索赔、工程变更索赔、合同被迫终止索赔、工程加速索赔、意外风险和不可预见因素索赔和其他索赔。

七、工程索赔计算方法简介

1. 费用索赔的计算

工程索赔中可索赔的费用一般包括人工费、设备费、材料费、保函手续费、贷款利息、保险费、利润、管理费。在不同的索赔事件中可以索赔的费用是不同的，费用索赔的计算方法有分项法、总费用法等。

（1）分项法　该方法按照每个索赔事件所引起损失的费用项目分别分析计算索赔值，然后将各费用项目的索赔值汇总得到总索赔费用值。这种方法以承包商为某项索赔工作所支付的实际开支为依据，但仅限于由于索赔事项引起的、超过原计划的费用。在这种计算方法中，需要注意的是不要遗漏费用项目。

（2）总费用法　该方法是当发生多次索赔事件以后，重新计算出该工程的实际费用，再从这个实际总费用中减去投标报价时的结算总费用，计算出索赔余额，具体公式是

$$索赔金额 = 实际总费用 - 投标报价估算总费用$$

2. 工期索赔的计算

工期索赔的计算方法主要有网络分析法和比例计算法两种。

（1）网络分析法　该法是利用进度计划的网络图，分析其关键线路，如果延误的工作为关键工作，则总延误的时间为批准顺延的工期；如果延误的工作为非关键工作，当该工作由于延误超过时差限制而成为关键工作时，可以批准延误时间与时差的差值；若该工作延误后仍为非关键工作，则不存在工期索赔问题。

（2）比例计算法　在实际工程中，干扰事件常常仅影响某些单项工程、单位工程或分部分项工程的工期，要分析它们对总工期的影响，可以采用较简单的比例分析法，常用计算公式为

如已知部分工程的延期时间，则

工期索赔值 = (受干扰部分工程的合同价/原合同价) × 该受干扰部分工期拖延时间

如已知额外增加工程量的价格，则

工期索赔值 = （额外增加的工程量的价格/原合同价）× 原合同总工期

比例计算法简单方便，但有时不尽符合实际情况，比例计算法不适用于变更施工顺序、加速施工、删减工程量等事件的索赔。

在工期索赔中应当特别注意以下两个问题：一是划清施工进度拖延的责任；二是被延误的工作应是处于施工进度计划关键线路上的施工内容。

第二节　案例分析

【背景】

某建设单位（甲方）与某施工单位（乙方）订立了某工程项目的施工合同。合同规定：采用单价合同，每一分项工程的工程量增减超过10%时，需调整工程单价。合同工期为25天，工期每提前1天奖励3000元，每拖后1天罚款5000元。乙方在开工前及时提交了施工网络进度计划（图8-1），并得到甲方代表的批准。

工程施工中发生如下几项事件：

事件1　因甲方提供的电源出故障造成施工现场停电，使工作A和工作B的工效降低，作业时间分别拖延2天和1天；多用人工8个工日和10个工日；工作A租赁的施工机械每天租赁费为560元，工作B的自有机械每天折旧费280元。

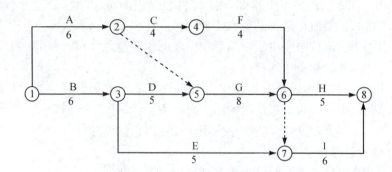

图 8-1　某工程施工网络进度计划（单位：天）

事件 2　为保证施工质量，乙方在施工中将工作 C 原设计尺寸扩大，增加工程量 16m³，该工作综合单价为 87 元/m³，作业时间增加 2 天。

事件 3　因设计变更，工作 E 的工程量由 300m³ 增至 360m³，该工作原综合单价为 65 元/m³，经协商调整单价为 58 元/m³。

事件 4　鉴于该工程工期较紧，经甲方代表同意，乙方在工作 G 和工作 I 作业过程中采取了加快施工的技术组织措施，使这两项工作作业时间均缩短了 2 天，该两项加快施工技术组织措施费分别为 2000 元和 2500 元。

其余各项工作实际作业时间和费用均与原计划相符。

【问题】

1. 上述哪些事件乙方可以提出工期和费用补偿要求？哪些事件不能提出工期和费用补偿要求？简述其理由。

2. 每项事件的工期补偿是多少天？总工期补偿多少天？

3. 该工程实际工期为多少天？工期奖（罚）款为多少元？

4. 假设人工工日单价为 25 元/工日，应由甲方补偿的人工窝工和降效费 12 元/工日，管理费、利润等不予补偿。试计算甲方应给予乙方的追加工程款为多少？

【分析要点】

本案例主要考核工程索赔责任的划分，工期索赔、费用索赔计算与审核。分析该案例时，要注意网络计划关键线路、工作总时差的概念及其对工期的影响、工程变更价款的确定原则。

【答案】

问题 1

事件 1　可以提出工期和费用补偿要求，因为提供可靠电源是甲方的责任。

事件 2　不可以提出工期和费用补偿要求，因为保证工程质量是乙方的责任，其措施费由乙方自行承担。

事件 3　可以提出工期和费用补偿要求，因为设计变更是甲方的责任，且工作 E 的工程量增加了 60m³，工程量增加量超过了 10% 的约定。

事件 4　不可以提出工期和费用补偿要求，因为加快施工的技术组织措施费应由乙方承担，因加快施工而工期提前应按工期奖励处理。

问题 2

事件 1　工期补偿 1 天，因为工作 B 在关键线路上，其作业时间拖延的 1 天影响了工期；工作 A 不在关键线路上，其作业时间拖延的 2 天，没有超过总时差，不影响工期。

事件 2　工期补偿为 0 天。

事件 3　工期补偿为 0 天，因工作 E 不是关键工作，增加工程量后作业时间增加 $\frac{360-300}{300} \times 5$ 天 $= 1$ 天，不影响工期。

事件 4　工期补偿 0 天。

总计工期补偿　1 天 + 0 天 + 0 天 + 0 天 = 1 天。

问题 3

将每项事件引起的各项工作持续时间的延长值均调整到相应工作的持续时间上，计算得实际工期为 23 天。

工期提前奖励款为 $(25 + 1 - 23)$ 天 $\times 3000$（元/天）$= 9000$ 元

问题 4

事件 1　人工费补偿为

$$(8 + 10) \text{工日} \times 12 \text{元/工日} = 216 \text{元}$$

机械费补偿为

$$2 \text{台班} \times 560 \text{元/台班} + 1 \text{台班} \times 280 \text{元/台班} = 1400 \text{元}$$

事件 3　按原单价结算的工程量为

$$300 \text{m}^3 \times (1 + 10\%) = 330 \text{m}^3$$

按新单价结算的工程量为

$$360 \text{m}^3 - 330 \text{m}^3 = 30 \text{m}^3$$

结算价为

$$330 \text{m}^3 \times 65 \text{元/m}^3 + 30 \text{m}^3 \times 58 \text{元/m}^3 = 23190 \text{元}$$

合计追加工程款总额为

$$216 \text{元} + 1400 \text{元} + 30 \text{m}^3 \times 65 \text{元/m}^3 + 30 \text{m}^3 \times 58 \text{元/m}^3 + 9000 \text{元} = 14306 \text{元}$$

案例二

【背景】

某单位工程为单层钢筋混凝土排架结构，共有 60 根柱子，32m 空腹屋架。监理工程师批准的网络计划如图 8-2 所示（图中工作持续时间以月为单位）。

该工程施工合同工期为 18 个月，质量标准应符合设计要求。施工合同中规定，土方工程单价为 16 元/m³，土方估算工程量为 22000m³，混凝土工程单价为 320 元/m³，混凝土估算工程量为 1800m³。当土方工程量和混凝土工程量任何一项增加超出该项原估算工程量的 15% 时，该项超出部分结算单价可进行调整，调整系数为 0.9。

施工过程中监理工程师发现刚拆模的钢筋混凝土柱子中，有 10 根存在工程质量问题，其中 6 根柱子蜂窝、露筋较严重，4 根柱子蜂窝、麻面轻微，且截面尺寸小于设计要求。截面尺寸小于设计要求的 4 根柱子经设计单位验算，可以满足结构安全和使用功能要求，可不加固补

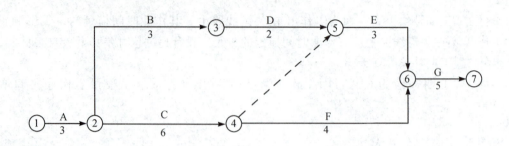

图 8-2 网络计划

强。在监理工程师组织的质量事故分析处理会议上,承包方提出了如下 3 个处理方案:

方案 1 6 根柱子加固补强,补强后不改变外形尺寸,不造成永久性缺陷;另 4 根柱子不加固补强。

方案 2 10 根柱子全部砸掉重做。

方案 3 6 根柱子砸掉重做,另 4 根柱子不加固补强。

在工程按计划进行到第 4 个月时,业主、监理工程师与承包方协商同意增加一项工作 K,其持续时间为 2 个月,该工作安排在 C 工作结束后开始(K 是 C 的紧后工作)、E 工作开始前结束(K 是 E 的紧前工作)。由于 K 工作的增加,增加了土方工程量 3500m³,增加了混凝土工程量 200m³。

工程竣工后,承包方组织了该单位工程的预验收,在组织工程竣工验收前,业主已提前使用该工程。业主使用中发现房屋屋面漏水,要求承包方修理。

【问题】

1. 以上对柱子工程质量问题的 3 种处理方案中,哪种处理方案能满足要求?为什么?

2. 由于增加了 K 工作,承包方提出了顺延工期 2 个月的要求,该要求是否合理?监理工程师应该签证批准的顺延工期是多少?

3. 由于增加了 K 工作,相应的工程量有所增加,承包方提出对增加工程量的结算费用为

土方工程:3500m³×16 元/m³ = 56000 元

混凝土工程:200m³×320 元/m³ = 64000 元

合计:120000 元

你认为该费用是否合理?监理工程师对这笔费用应签证多少?

4. 在工程未竣工验收前,业主提前使用是否认为该单位工程已验收?对出现的质量问题,承包方是否承担保修责任?

【分析要点】

本案例主要考核工程索赔责任的划分、工期索赔计算与审核及工程价款的确定。

【答案】

问题 1

方案 1 可满足要求,应选择方案 1。这种处理方案可满足结构安全和使用功能要求。

问题 2

承包方提出顺延工期 2 个月不合理,因为增加了 K 工作,工期增加 1 个月,所以监理工

程师应签证顺延工期 1 个月。

问题 3

增加结算费用 120000 元不合理。因为增加了 K 工作，使土方工程增加了 3500m³，已超过了原估计工程量 22000m³ 的 15%，故应进行价格调整。新增土方工程款为

$$3300m^3 \times 16 \text{元}/m^3 + 200m^3 \times 16 \text{元}/m^3 \times 0.9 = 55680 \text{元}$$

混凝土工程量增加了 200m³，未超过原估计工程量 1800m³ 的 15%，故仍按原单价计算，新增混凝土工程款为

$$200m^3 \times 320 \text{元}/m^3 = 64000 \text{元}$$

监理工程师应签证的费用为

$$(55680 + 64000)\text{元} = 119680 \text{元}$$

问题 4

工程未经验收，业主提前使用，按现行法规是不允许的，不能视为该单位工程已验收。对出现的质量问题：①如果属于业主强行使用直接产生的质量问题，由业主承担责任；②如果属于施工质量问题，由承包方承担保修责任。

案例三

【背景】

某施工公司于 20××年 5 月 8 日与某厂签订了一份土方工程施工合同。该工程的基坑开挖量为 12000m³，计算单价为 3.8 元/m³，甲、乙双方合同约定 5 月 15 日开工，5 月 29 日完工。监理工程师批准了乙方编制的施工方案，该施工方案规定：采用两台反铲挖掘机施工，其中一台为自有反铲挖掘机，自有反铲挖掘机的台班单价为 624 元/台班、折旧费为 80 元/台班；另一台为租赁反铲挖掘机，租赁费为 800 元/台班。在实际施工中发生了如下几项事件：

事件 1 因遇季节性大雨，晚开工 3 天，造成人员窝工 30 个工日。

事件 2 施工过程中，因遇地下墓穴，接到监理工程师 5 月 20 日停工的指令，造成人员窝工 20 个工日。

事件 3 5 月 22 日接到监理工程师于 5 月 23 日复工的指令，同时提出部分基坑开挖深度加深 2.5m 的设计变更通知单，因此增加的土方开挖工程量为 2400m³。

事件 4 5 月 28 日～5 月 29 日施工现场下了该季节罕见的特大暴雨，造成人员窝工 20 个工日。

事件 5 5 月 30 日用 40 个工日修复冲坏的永久性道路，5 月 31 日起恢复挖掘工作，最终基坑于 6 月 5 日完成土方工程。

【问题】

1. 施工公司可提出哪些事件的索赔，说明原因。

2. 施工公司可索赔的工期是多少天？

3. 假设人工工资单价为 28 元/工日，窝工工资单价为 20 元/工日，该施工公司可索赔的总费用是多少？

4. 施工公司向厂方提出的索赔信包括的内容有哪些？

【分析要点】

本案例主要考核工程索赔的概念，工程索赔成立的条件，施工进度拖延和费用增加的责任划分与处理原则，特别是在出现共同延误情况下工期延长和费用索赔的处理原则和方法，以及竣工拖期违约损失赔偿金的处理原则和方法。

【答案】

问题 1

(1) 事件 1　索赔不成立，属于承包商应承担的风险。

(2) 事件 2　可提出费用和工期索赔，属于有经验的承包商无法预见的特殊情况。

(3) 事件 3　可提出费用和工期索赔，因为是由于设计变更造成的。

(4) 事件 4　可提出工期索赔，属于有经验的承包商无法预见的不可抗力事件。

(5) 事件 5　可提出费用和工期索赔，因永久道路畅通属业主负责。

问题 2

(1) 事件 2　可索赔工期 3 天。

(2) 事件 3　可索赔工期 3 天，$2400/12000 \times 15$ 天 = 3 天

(3) 事件 4　可索赔工期 2 天。

(4) 事件 5　可索赔工期 1 天

施工单位可索赔的总工期 = $(3+3+2+1)$ 天 = 9 天

问题 3

(1) 事件 2　人工费 = 20 元/工日 × 20 工日 = 400 元

　　　　　　机械费 = $(80+800)$ 元/台班 × 3 台班 = 2640 元

(2) 事件 3　总费用 = $2400 m^3 \times 3.8$ 元/m^3 = 9120 元

(3) 事件 5　人工费 = 40 工日 × 28 元/工日 = 1120 元

　　　　　　机械费 = $(80+800)$ 元 = 880 元

施工单位可索赔的总费用 = $(400+2640+9120+1120+880)$ 元 = 14160 元

问题 4

索赔信包括以下内容：

说明索赔事件，列举索赔理由，提出索赔金额与工期，附件说明。

案例四

【背景】

某建设单位（甲方）拟建造一栋职工住宅，招标后由某施工单位（乙方）中标承建。甲乙双方签订的施工合同摘要如下：

1. 协议书中的部分条款

(1) 工程概况

工程名称：职工住宅楼

工程地点：市区

工程内容：建筑面积为 $3200 m^2$ 的砖混结构住宅楼

(2) 工程承包范围　某建筑设计院设计的施工图所包括的土建、装饰、水暖电工程。

(3) 合同工期

开工日期：20××年3月21日

竣工日期：20××年9月30日

合同工期总日历天数：190天（扣除5月1~3日3天）

(4) 质量标准　工程质量标准达到甲方规定的质量标准

(5) 合同价款　合同总价为壹佰陆拾陆万肆仟元人民币（￥166.4万元）。

(6) 乙方承诺的质量保修　在该项目设计规定的使用年限（50年）内，乙方承担全部保修责任。

(7) 甲方承诺的合同价款支付期限与方式

1) 工程预付款：于开工之日支付合同总价的10%作为预付款。预付款不予扣回，直接抵作工程进度款。

2) 工程进度款：基础工程完成后，支付合同总价的10%；主体结构三层完成后，支付合同总价的20%；主体结构封顶后，支付合同总价的20%；工程基本竣工时，支付合同总价的30%。为确保工程如期竣工，乙方不得因甲方资金的暂时不到位而停工和拖延工期。

3) 竣工结算：工程竣工验收后，进行竣工结算。结算时按全部工程造价的3%扣留工程保修金。

(8) 合同生效

合同订立时间：20××年3月5日

合同订立地点：××市××区××街××号

本合同双方约定经双方主管部门批准及公证后合同生效。

2. 专用条款中有关合同价款的条款

(1) 合同价款与支付　本合同价款采用固定价格合同方式确定。

(2) 合同价款包括的风险范围　合同价款包括的风险范围如下：

1) 工程变更事件发生导致工程造价增减不超过合同总价10%。

2) 政策性规定以外的材料价格涨落等因素造成工程成本变化。

风险费用的计算方法：风险费用已包括在合同总价中。

风险范围以外合同价款调整方法：按实际竣工建筑面积520.00元/m^2调整合同价款。

3. 补充协议条款

在上述施工合同协议条款签订后，甲乙双方又接着签订了补充施工合同协议条款。摘要如下：

补1. 木门窗均用水曲柳板包门窗套。

补2. 铝合金窗90系列改用某铝合金厂42型系列产品。

补3. 挑阳台均采用某铝合金厂42型系列铝合金窗封闭。

【问题】

1. 上述合同属于哪种计价方式合同类型？

2. 该合同签订的条款有哪些不妥当之处？应如何修改？

3. 对合同中未规定承包商义务，合同实施过程中又必须进行的工程内容，承包商应如何处理？

【分析要点】

本案例主要涉及有关建设工程施工合同类型及其适用条件，合同条款签订中易发生的若干问题，以及施工过程中出现合同未规定的承包商义务但又必须进行的工程内容，承包商应采用的处理方法。

【答案】

问题1

从甲、乙双方签订的合同条款来看，该工程施工合同属于固定价格合同。

问题2

该合同条款存在的不妥之处及其修改内容如下：

（1）合同工期总日历天数不应扣除节假日，可以将该节假日时间加到总日历天数中。

（2）不应以甲方规定的质量标准作为该工程的质量标准，而应以《建筑工程施工质量验收统一标准》（GB 50300）中规定的质量标准作为该工程的质量标准。

（3）质量保修条款不妥，应按《建设工程质量管理条例》的有关规定进行修改。

（4）工程价款支付条款中的"基本竣工时间"不明确，应修订为具体明确的时间；"乙方不得因甲方资金的暂时不到位而停工和拖延工期"条款显失公平，应说明甲方资金不到位在什么期限内乙方不得停工和拖延工期，且应规定逾期支付的利息如何计算。

（5）从该案例背景来看，合同双方都是合法的独立法人单位，不应约定经双方主管部门批准后该合同生效。

（6）专用条款中有关风险范围以外合同价款调整方法（按实际竣工建筑面积520.00元/m² 调整合同价款）与合同的风险范围、风险费用的计算方法相矛盾，该条款应针对可能出现的除合同价款包括的风险范围以外的内容，约定合同价款调整方法。

（7）在补充施工合同协议条款中，不仅要补充工程内容，而且要说明其价款是否需要调整，若需调整应如何调整。

问题3

首先应及时与甲方协商，确认该部分工程内容是否由乙方完成。如果需要由乙方完成，则应与甲方商签补充合同条款，就该部分工程内容明确双方各自的权利义务，并对工程计划做出相应的调整；如果由其他承包商完成，乙方也要与甲方就该部分工程内容的协作配合条件及相应的费用等问题达成一致意见，以保证工程的顺利进行。

【背景】

某海滨城市为发展旅游业，经批准兴建一座三星级大酒店。该项目甲方于20××年10月10日分别与某建筑工程公司（乙方）和某外资装饰工程公司（丙方）签订了主体建筑工程施工合同和装饰工程施工合同。

合同约定主体建筑工程施工于当年11月10日正式开工。合同日历工期为2年5个月。因主体工程与装饰工程分别为两个独立的合同，由两个承包商承建，为保证工期，当事人约定：主体与装饰装修施工采取立体交叉作业，即主体完成3层，装饰装修工程承包商立即进入装饰装修作业。为保证装饰装修工程达到三星级水平，业主委托某监理公司实施"装饰装修工程监理"。

在工程施工 1 年 6 个月时,甲方要求乙方将竣工日期提前 2 个月,双方协商修订施工方案后达成协议。

该工程按变更后的合同工期竣工,经验收后投入使用。

在该工程投入使用 2 年 6 个月后,乙方因甲方少付工程款起诉至法院。诉称:甲方于该工程验收合格后签发了竣工验收报告,并已开张营业。在结算工程款时,甲方本应付工程总价款 1600 万元人民币,但只付 1400 万元人民币,特请求法庭判决被告支付剩余的 200 万元及拖期的利息。

在庭审中,被告答称:原告主体建筑工程施工质量有问题,如大堂、电梯间门洞、大厅墙面、游泳池等主体施工质量不合格。因此,装修商进行返工,并提出索赔,经监理工程师签字报业主代表认可,共支付 15.2 万美元,折合人民币 125 万元。此项费用应由原告承担。另还有其他质量问题,并造成客房、机房设备、设施损失计人民币 75 万元。共计损失 200 万元人民币,应从总工程款中扣除,故支付乙方主体工程款总额为 1400 万元人民币。

原告辩称:被告称工程主体不合格不属实,并向法庭呈交了业主及有关方面签字的合格竣工验收报告及业主致乙方的感谢信等证据。

被告又辩称:竣工验收报告及感谢信,是在原告法定代表人宴请我方时,提出为了企业晋级的情况下,我方代表才签的字。此外,被告代理人又向法庭呈交业主被装饰装修工程公司提出的索赔 15.2 万美元(经监理工程师和业主代表签字)的清单 56 件。

原告再辩称:被告代表发言纯系戏言,怎能以签署竣工验收报告为儿戏,请求法庭以文字为证。又指出:如果真的存在被告所说的情况,那么被告应当根据《建设工程质量管理条例》的规定,在装饰装修施工前通知我方修理。

原告最后请求法庭关注:从签发竣工验收报告到起诉前,乙方多次以书面方式向甲方提出结算要求。在长达 2 年多的时间里,甲方从未向乙方提出过工程存在质量问题。

【问题】
1. 原、被告之间的合同是否有效?
2. 如果在装饰装修施工时,发现主体工程施工质量有问题,甲方应采取哪些正当措施?
3. 对于乙方因工程款纠纷的起诉和甲方因工程质量问题的起诉,法院是否应予以保护?

【分析要点】

本案例主要考核如何依法进行建设工程合同纠纷的处理。本案例所涉及的法律法规有:《中华人民共和国民法通则》《中华人民共和国合同法》《建设工程施工合同(示范文本)》《建设工程质量管理条例》等。

【答案】

问题 1

合同双方当事人符合建设工程施工合同主体资格的要求,并且合同订立形式与内容均合法,所以原、被告之间的合同有效。

问题 2

根据《建设工程质量管理条例》的规定,主体工程保修期为设计文件规定的该工程合理使用年限。在保修期内,当发现主体工程施工质量有问题时,业主应及时通知承包商进行修理。承包商不在约定期限内派人修理,业主可委托其他人员修理,保修费用从质量保修金内扣除。显然,如果装饰装修施工中发现的主体工程施工质量问题属实,应按保修处理。

问题3

根据我国《民法通则》的规定,向人民法院请求保护民事权利的诉讼时效期为2年,从当事人知道或应当知道权利被侵害时起算。本案例中业主在直至庭审前的2年多时间里,一直未就质量问题提出异议,已超过诉讼时效,所以,不予保护。而乙方自签发竣工验收报告后,向甲方多次以书面方式提出结算要求,其诉讼权利应予保护。

练 习 题

练习题一

【背景】

某工程项目,业主通过招标与甲建筑公司签订了土建工程施工合同,包括 A、B、C、D、E、F、G、H 八项工作,合同工期 360 天。业主与乙安装公司签订了设备安装施工合同,包括设备安装与调试工作,合同工期 180 天,通过相互的协调,编制了如图 8-3 所示的网络进度计划。

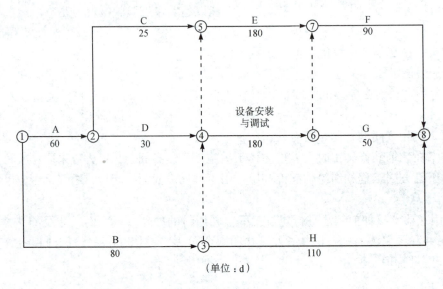

图 8-3 网络进度计划

该工程施工过程中发生了以下事件:

(1)基础工程施工时,业主负责供应的钢筋混凝土预制桩供应不及时,使 A 工作延误 7 天。

(2)B 工作施工后进行检查验收时,发现一预埋件埋置有误,经核查,是由于设计图样中预埋件位置标注错误所致。甲建筑公司进行了返工处理,损失 5 万元,且使 B 工作延

第八章　建设工程合同管理与工程索赔

误 15 天。

（3）甲建筑公司因人员与机械调配问题造成 C 工作增加工作时间 5 天，窝工损失 2 万元。

（4）乙安装公司进行设备安装时，因接线错误造成设备损坏，使乙安装公司安装调试工作延误 5 天，损失 12 万元。

发生以上事件后，施工单位均及时向业主提出了索赔要求。

【问题】

1. 分析以上各事件中，业主是否应给予甲建筑公司和乙安装公司工期和费用补偿。

2. 如果合同中约定，由于业主原因造成延期开工或工期延期，每延期一天补偿施工单位 6000 元，由于施工单位原因造成延期开工或工期延误，每延误一天罚款 6000 元。计算施工单位应得的工期与费用补偿各是多少？

3. 该项目采用预制钢筋混凝土桩基础，共有 800 根桩，桩长 9m。合同规定：桩基分项工程的综合单价为 180/m；预制桩由业主购买供应，每根桩按 950 元计。计算甲建筑公司桩基础施工应得的工程款为多少（计算结果保留两位小数）？

练习题二

【背景】

某小型水坝工程，系匀质土坝，下游设滤水坝址，土方填筑量 836150m³，砂砾石滤料 78500m³，中标合同价 7369920 美元，工期一年半。

在投标报价书中，工程净直接费（人工费、材料费、机械费以及施工开办费等）以外，另加 12% 的工地管理费，构成工程工地总成本；另列 8% 的总部管理费及利润。在投标报价书中，大坝土方的单价为 4.5 美元/m³，运距为 750m；砂砾石滤料的单价为 5.5 美元/m³，运距为 1700m。

开始施工后，监理工程师先后发出 14 个变更指令，其中两个指令涉及工程量的大幅度增加，而且土料和砂砾料的运输距离亦有所增加。承包商认为，这两项增加工程量的数量都比较大，土料增加了原土方量的 5%，砂砾石滤料增加了约 16%；而且，运输距离相应增加了 100% 及 29%（数据见表 8-1）。按照批准的施工方案，用 1m³ 正铲挖掘机装车，每小时 60m³，每小时机械及人工费总计 28 美元；用 6t 载货汽车运输，每次运土 4m³，每小时运送两趟，运输设备费用每小时 25 美元。

表 8-1　增加工程项目清单

索 赔 项 目	增加工程量
坝体土方	41818m³（原为 836150m³），运距由 750m 增至 1500m
砂砾石滤料	12500m³（原为 78500m³），运距由 1700m 增至 2200m
延期的现场管理费	原合同额中现场管理费为 731143 美元，工期为 18 个月

【问题】

1. 本工程索赔的处理原则是什么？

2. 根据中标合同价，每月工地现场管理费应为多少？

3. 计算新增土方的单价。

4. 计算新增土方补偿款额。

5. 若砂砾石滤料开挖及装载费用为 0.62 美元/m³，运输费用为 3.91 美元/m³，计算新增砂砾石滤料单价及新增砂砾石滤料补偿款额。

6. 新增工作量换算为正常合同工期应是多少？

练习题三

【背景】

某业主兴建一栋 26 层的商住楼，于 2010 年 12 月经招标由××建筑工程公司中标承包，签订的施工合同工期为 20 个月。2011 年 5 月主体施工至四层时，因业主资金出现困难，难以按施工进度划款给承包商，以及无力还贷等原因，经董事会研究决定暂停兴建，报市建设局同意后，于 5 月 20 日用公函形式通知承包商，通知书内容如下。

××建筑公司：

鉴于本公司资金周转困难重重，已无法维持正常施工，经董事会研究决定并报市建设局同意，本工程暂停兴建。通知贵公司自接到本通知后 3 日内完全停止施工，6 月 15 日前撤离施工现场。为此，我公司深表歉意，请予谅解和协作。

特此通知

××单位

法人代表：×××

2001 年 5 月 20 日

【问题】

1. 业主发给承包商的该"通知书"是否有不对的地方？若有，请指出。

2. 你认为承包商收到"通知书"后是否应马上停工或继续施工？说明理由。

3. 本工程发生的事件符合停止合同条件，请指出需要办理什么手续后，才能终止原施工合同。

4. 在商签施工合同时，业主提出要承包商垫资 500 万元，承包商表示愿意接受，签订了一个补充协议书。但在报送合同审查和施工报建时，该补充协议没有提交。现在由于工程停建，承包商提出要向业主索取 6 个月的银行贷款利息，双方争执不下，请问应如何处理？

5. 若承包商同意终止合同，并决定在 7 月 15 日前退场，请问应向业主索取哪些费用？

6. 本工程将来还是要续建的，目前承包商决定退场。请问承包商在退场前应做好哪些有关现场及资料的工作？

第九章
工程价款结算

 学习目标

通过本章的学习,了解工程价款结算的分类;掌握工程预付款、进度款和工程预付款扣还的计算方法;熟悉竣工结算的调整方法。

第一节 概 述

当工程承包合同签订之后,在施工前业主应根据承包合同向承包商支付预付款(预付备料款);在工程执行过程中,业主应根据承包商完成的工程量支付工程进度款;当工程执行到一定阶段时,业主在支付工程进度款的同时要抵扣预付款并进行中间结算;当工程全部完成后合同双方应进行工程款的最终结算。

一、工程预付款

按合同规定,在开工前,业主要预付一笔工程材料、预制构件的备料款给承包商。在实际工作中,工程预付款的额度通常由各地区根据工程类型、施工工期、材料供应状况确定,一般为当年建筑安装工程产值的25%左右,对于大量采用预制构件的工程可以适当增加。

二、工程预付款的扣还

由于工程预付款是按所需占用的储备材料款与建筑安装工程产值的比例计算的,所以,随着工程的进展,材料储备随之减少,相应的材料储备款也减少,因此,预付款应当陆续扣回,直到工程竣工之前扣完。将施工工程尚需的主要材料及构件的价值相当于预付款时作为起扣点。达到起扣点时,从每次结算工程价款中按材料费的比例扣抵预付款。预付款的起扣点可按下列公式计算:

$$预付款起扣点 = 承包工程价款总额 - \frac{预付款}{主要材料费占工程价款总额的比例}$$

需要说明的是,在实际工程中,情况比较复杂,有的工程工期比较短,只有几个月,预付款无需分期扣还;有的工程工期较长,需跨年度建设,其预付款占用时间较长,可根据需要少扣或多扣。在一般情况下,工程进度达到65%时,开始抵扣预付款。

三、工程进度款

工程进度款的支付方法有以下两种:

1. 按月完成产值支付

该方法一般在月底或月初支付本月完成产值的工程进度款。当工程进度款达到预付款起扣点时,则应从进度款中减去应扣除的预付款数额。

支付进度款的计算公式为:

$$本期工程进度款 = 本期完成产值 - 应扣除的预付款$$

2. 按逐月累计完成产值支付

按逐月累计完成产值支付工程进度款是国际承包工程常用的方法之一。具体做法是:

1)业主不支付承包商预付款,工程所需的备料款全部由承包人自筹或向银行贷款。

2)承包商进入施工现场的材料、构配件和设备,均可以报入当月的工程进度款,由业主负责支付。

3）工程进度款采取逐月累计、倒扣合同总金额的方法支付。该方法的优点是如果上月累计多支付，即可在下期累计产值中扣回，不会出现长期超支工程款的现象。

4）支付工程进度款时，扣除按合同规定的保留金。保留金一般为工程合同价的5%，大型工程可以在合同中规定一个数额。

5）按逐月累计完成产值支付工程进度款的计算公式为

累计完成产值 = 本月完成产值 + 上月累计完成产值

未完产值 = 合同总价 − 累计完成产值

四、竣工结算

承包商完成合同规定的工程内容并交工后，应向业主办理竣工结算。

在进行竣工结算时，若因某些条件变化使工程合同价发生变化，则需要按合同规定对合同价进行调整。

在实际工作中，当年开工当年竣工的工程，只需办理一次性结算；跨年度的工程，可在年终办理一次年终结算，将未完工程结转到下一年度，这时，竣工结算等于各年度结算的总合。

竣工结算工程价款的计算公式为

$$\text{竣工结算工程价款} = \text{工程合同总价} + \text{工程或费用变更调整金额} − \text{预付款及已结算工程款} − \text{保留金}$$

五、工程价款的动态结算

现行的工程价款的结算方法一般是静态的，没有反映价格等因素的变化影响。因此，要全面反映工程价款结算，应实行工程价款的动态结算。所谓动态结算，就是要把各种动态因素渗透到结算过程中，使结算价大体能反映实际的消耗费用。常用的动态结算方法有以下几种。

1. 按竣工调价系数办理结算

当采用某地区政府指导价作为承包合同的计价依据时，竣工时可以根据合理的工期和当地工程造价管理部门发布的竣工调价系数调整人工、材料、机械台班等费用。

2. 按实际价格计算

在建筑材料市场比较完善的条件下，材料采购的范围和选择余地越来越大。为了合理降低工程成本，工程发生的主要材料费可按当地工程造价管理部门定期发布的最高限价结算，也可由合同双方根据市场供应情况共同定价。

3. 采用调值公式法结算

用调值公式法计算工程结算价款，主要调整工程造价中有变化的部分。采用该方法，要将工程造价划分为固定不变的部分和变化的部分。

调值公式表达式为

$$P = P_0 \left(a_0 + a_1 \frac{A}{A_0} + a_2 \frac{B}{B_0} + a_3 \frac{C}{C_0} + a_4 \frac{D}{D_0} + \cdots \right)$$

式中 P——调值后的实际工程结算价款；

P_0——调值前的合同价或工程进度款；

a_0——固定不变的费用，不需要调整的部分在合同总价中的权重；

a_1、a_2、a_3、a_4…——分别表示各有关费用在合同总价中的权重；

A_0、B_0、C_0、D_0…——a_1、a_2、a_3、a_4…对应的各项费用的基期价格或价格指数；

A、B、C、D…——在工程结算月份与a_1、a_2、a_3、a_4…对应的各项费用的现行价格或价格指数。

上述各部分费用占合同总价的比例，应在投标时要求承包方提出，并在价格分析中予以论证；也可以由业主在招标文件中规定一个范围，由投标人在此范围内选定。

第二节 案例分析

【背景】

某综合楼工程承包合同规定，工程预付款按当年建筑安装工程产值的 26% 支付，该工程当年预计总产值 325 万元。

【问题】

该工程预付款应该为多少？

【答案】

工程预付款 = 325 万元 × 26% = 84.5 万元

【背景】

某建筑工程的合同承包价为 489 万元，工期为 8 个月，工程预付款占合同承包价的 20%，主要材料及预制构件价值占工程总价的 65%，保留金占工程总价的 5%。该工程每月实际完成的产值及合同价款调整增加额见表 9-1。

表 9-1 某工程每月实际完成产值及合同价款调整增加额

月　份	1	2	3	4	5	6	7	8	合同价款调整增加额/万元
完成产值/万元	25	36	89	110	85	76	40	28	67

【问题】

1. 该工程应支付多少工程预付款？
2. 该工程预付款起扣点为多少？
3. 该工程每月应结算的工程进度款及累计拨款分别为多少？
4. 该工程应付竣工结算价款为多少？
5. 该工程保留金为多少？
6. 该工程 8 月份实付竣工结算价款为多少？

【答案】

问题 1

工程预付款 = 489 万元 × 20% = 97.8 万元

问题 2

工程预付款起扣点 = $\left(489 - \dfrac{97.8}{65\%}\right)$ 万元 = 338.54 万元

问题 3

每月应结算的工程进度款及累计拨款如下：

1 月份应结算工程进度款 25 万，累计拨款 25 万。

2 月份应结算工程进度款 36 万，累计拨款 61 万。

3 月份应结算工程进度款 89 万，累计拨款 150 万。

4 月份应结算工程进度款 110 万，累计拨款 260 万。

5 月份应结算工程进度款 85 万，累计拨款 345 万。

因 5 月份累计拨款已超过 338.54 万元的起扣点，所以，应从 5 月份的 85 万进度款中扣除一定数额的预付款。

超过部分 = (345 − 338.54) 万元 = 6.46 万元

5 月份结算进度款 = (85 − 6.46) 万元 + 6.46 万元 × (1 − 65%) = 80.80 万元

5 月份累计拨款 = (260 + 80.80) 万元 = 340.80 万元

6 月份应结算工程进度款 = 76 万元 × (1 − 65%) = 26.6 万元

6 月份累计拨款 367.40 万元

7 月份应结算工程进度款 = 40 万元 × (1 − 65%) = 14 万元

7 月份累计拨款 381.40 万元

8 月份应结算工程进度款 = 28 万元 × (1 − 65%) = 9.80 万元

8 月份累计拨款 391.2 万元，加上预付款 97.8 万元，共拨款 489 万元。

问题 4

竣工结算价款 = 合同总价 + 合同价款调整增加额 = (489 + 67) 万元 = 556 万元

问题 5

保留金 = 556 万元 × 5% = 27.80 万元

问题 6

8 月份实付竣工结算价款 = (9.80 + 67 − 27.80) 万元 = 49 万元

案例三

【背景】

某框架结构工程在年内已竣工，合同承包价为 820 万元。其中，分部分项工程量清单费 690 万元，措施项目清单费 80 万元，其他项目清单费 10 万元，规费 12 万元，税金 28 万元。查该地区工程造价管理部门发布的该类工程本年度以分部分项工程量清单费为基础的竣工调价系数为 1.015。

【问题】
1. 求规费占分部分项工程量清单费、措施项目清单费和其他项目清单费的百分比。
2. 求税金占上述四项费用的百分比。
3. 求调价后的竣工工程价款。

【答案】

问题 1

规费占分部分项工程量清单费、措施项目清单费和其他项目清单费百分比 $= \dfrac{12}{690+80+10} = 1.538\%$

问题 2

税金占前四项费用百分比 $= \dfrac{28}{690+80+10+12} = 3.535\%$

问题 3

调价后的竣工工程价款 $= (690 \times 1.015 + 80 + 10)$ 万元 $\times (1+1.538\%) \times (1+3.535\%)$

$= 830.874$ 万元

案例四

【背景】

某全现浇框架结构工程，合同总价为 1230 万元，合同签订期为 2012 年 12 月 30 日，工程于 2013 年 12 月 30 日建成交付使用。该地区工程造价管理部门发布的价格指数和该工程各项费用构成比例见表 9-2。

表 9-2 价格指数与工程各项费用构成比例

项目	人工费		钢材		木材		水泥		砂		不调价费用
占合同价比例	a_1	11%	a_2	20%	a_3	4%	a_4	15%	a_5	6%	44%
2002 年 12 月 30 日	A_0	101	B_0	102	C_0	98	D_0	103	E_1	113	
2003 年 12 月 30 日	A	105	B	110	C	107	D	109	E	105	

【问题】

用调值公式法计算实际应支付的工程价款。

【答案】

实际应支付的工程价款 $= 1230$ 万元 $\times \left(0.44 + 0.11 \times \dfrac{105}{101} + 0.20 \times \dfrac{110}{102} + 0.04 \times \dfrac{107}{98} + 0.15 \times \dfrac{109}{103} + 0.06 \times \dfrac{105}{113}\right)$

$= 1264.69$ 万元

第九章 工程价款结算

练 习 题

练习题一

【背景】

某建筑工程即将开工，承包合同约定，工程预付款按当年建筑工程产值的 26% 计算。该工程当年建筑工程计划产值 400 万元。

【问题】

应拨付的工程预付款为多少？

练习题二

【背景】

某工程的合同承包价为 1495 万元，工期为 7 个月，工程预付款占合同承包价的 25%，主要材料及预制构件价值占工程总价的 63%，保留金占工程总价的 5%，该工程每月实际完成产值及合同价调整增加额见表 9-3。

表 9-3 某工程每月实际完成产值及合同价调整增加额

月 份	1	2	3	4	5	6	7	合同价调整增加额/万元
完成产值/万元	110	200	250	360	330	180	65	86

【问题】

1. 该工程应支付多少工程预付款？
2. 工程预付款的起扣点为多少？
3. 每月应结算的工程进度款及累计拨款分别是多少？
4. 应付竣工结算价款为多少？
5. 保留金为多少？
6. 7 月份实付竣工结算价款为多少？

练习题三

【背景】

某建筑工程在年内已竣工，合同承包价为 603 万元。其中，分部分项工程量清单费为 500 万元，措施项目清单费为 60 万元，其他项目清单费为 15 万元，规费为 8 万元，税金为 20 万元。查该地区工程造价管理部门发布的该类工程本年度以分部分项工程清单费为基础的竣工调价系数为 1.02。

【问题】

1. 求规费占分部分项工程量清单费、措施项目清单费和其他项目清单费的百分比。
2. 求税金占上述四项费用的百分比。

189

3. 求调价后的竣工工程价款。

练习题四

【背景】

某建筑工程，合同总价为 780 万元，合同签订期 2013 年 1 月 30 日，工程于 2013 年 12 月 30 日建成交付使用。该工程各项费用构成比例及工程造价管理部门发布的价格指数见表 9-4。

表 9-4 某工程各项费用构成比例及地区价格指数

项目	人工费		钢材		木材		水泥		砂		不调价费用
占合同价比例	a_1	13%	a_2	18%	a_3	10%	a_4	16%	a_5	7%	36%
2013 年 1 月 30 日	A_0	111	B_0	102	C_0	107	D_0	104	E_0	110	
2013 年 12 月 30 日	A	109	B	114	C	105	D	115	E	106	

【问题】

用调值公式法计算实际应支付的工程价款。

参 考 文 献

[1] 袁建新,迟晓明. 施工图预算与工程造价控制 [M]. 北京:中国建筑工业出版社,2000.
[2] 袁建新. 企业定额编制原理与实务 [M]. 北京:中国建筑工业出版社,2003.
[3] 尹贻林. 工程造价计价与控制 [M]. 北京:中国计划出版社,2008.
[4] 尹贻林. 工程造价案例分析 [M]. 北京:中国计划出版社,2009.
[5] 尹贻林,谭丽丽. 全国造价工程师执业资格考试应试指南 [M]. 北京:中国计划出版社,2002.
[6] 袁建新. 工程量清单计价 [M]. 3版. 北京:中国建筑工业出版社,2010.
[7] 袁建新,迟晓明. 建筑工程预算 [M]. 4版. 北京:中国建筑工业出版社,2010.